U0307077

中 华 生 活 经 典

食宪鸿秘

【清】朱彝尊 著

张可辉 编著

中华书局

图书在版编目(CIP)数据

　食宪鸿秘/(清)朱彝尊著;张可辉编著.—北京:中华书局,
2013.10(2018.6重印)

　(中华生活经典)

　ISBN 978-7-101-09612-5

　Ⅰ.食… Ⅱ.①朱…②张… Ⅲ.食谱-中国-清代
Ⅳ.TS972.117

　中国版本图书馆 CIP 数据核字(2013)第 210601 号

书　　　名　食宪鸿秘
著　　　者　〔清〕朱彝尊
编 著 者　张可辉
丛 书 名　中华生活经典
责 任 编 辑　周　旻
出 版 发 行　中华书局
　　　　　　　(北京市丰台区太平桥西里 38 号　100073)
　　　　　　　http://www.zhbc.com.cn
　　　　　　　E-mail:zhbc@ zhbc.com.cn
印　　　刷　北京瑞古冠中印刷厂
版　　　次　2013 年 10 月北京第 1 版
　　　　　　　2018 年 6 月北京第 5 次印刷
规　　　格　开本/710×1000 毫米　1/16
　　　　　　　印张 18¼　字数 150 千字
印　　　数　19001-23000 册
国 际 书 号　ISBN 978-7-101-09612-5
定　　　价　36.00 元

目 录

食宪鸿秘

前　言

　　《食宪鸿秘》，清代饮食文献，共二卷，附录一卷。传为朱彝尊所撰，成书于康熙年间。晚清目录学家、文学家邵懿辰《增订四库简明目录标注》把该书归于"谱录类上·器物之属"，并题著者为朱彝尊。孙殿起《贩书偶记》、王绍曾《清史稿艺文志拾遗》等著作也是如此。也有人认为该书系乾隆中叶时人伪托其名，另有康熙年间题为"新城王士禛著"本，迄无定论。一般仍认为是朱彝尊所作。

一

　　朱彝尊 (1629—1709)，清代诗人、词人、经史学家、目录学家、藏书家，在诸多学科领域都有极高的学术造诣。《清史稿》卷四八四"文苑传"载："朱彝尊，字锡鬯，秀水 (治今浙江嘉兴) 人，明大学士国祚曾孙。生有异秉，书经目不遗。"朱彝尊号竹垞 (chá)，又号驱芳，晚称小长庐钓鱼师，又号金风亭长。康熙十八年 (1679)，举博学鸿词，与富平李因笃、吴江潘耒、无锡严绳孙一同以布衣入选，时称"四大布衣"。随后授翰林院检讨，二十二年 (1683) 入直南书房，曾入史馆纂修《明史》。

　　其诗有学者气，重才藻，求典雅，与王士禛称南北两大宗，时人谓之"南朱北王"。王氏甥婿赵执信在《谈龙录》中即议论说："王才高而学足以副之，朱学博而才足以运之。"朱彝尊辑有《明诗综》一百卷，以八卦分编，录存明代诗人及明亡遗民三千四百余人的作品，或因人录诗，或因诗存人，旨意在于"窃取国史之义，俾览者可以明夫得失之故"。书中兼存诗人小传及诸家评论，附有诗话，史料颇为丰富，既于当时社会、政治情况有所涉及，也于明诗诸家流派的特点有所反映。其词风格清丽，提倡"雅正"，标举"清空"、"醇雅"，主张宗法南宋词，推崇姜夔、张炎等人的格律派词，与陈维崧并称"朱陈"，辑唐朝、五代、宋朝以来下迄元朝张翥六百余家词二千二百余首以为《词综》三十卷，开浙西词派。康熙四十八年 (1709)，亲自删定《曝书亭集》八十卷附录一卷，除文五十卷、赋一卷、附录散曲《叶儿乐府》一卷之外，还包括古今诗二十二卷，自顺治二年 (1645) 至康熙四十八年 (1709) 编年排列，另有词七卷，即《江湖载酒集》三卷、《静志居琴趣》一卷、《茶烟阁体物集》二卷、《蕃锦集》一卷。

朱彝尊家富藏书，于经史颇为潜心，康熙二十三年 (1684) 一月，曾甘冒降级谪官之险而私入禁中抄书。《国朝耆献类征初编》卷一一八记载："先生直史馆日，私以楷书手王纶自随，录四方经进书。掌院牛钮劾其漏泄，吏议镌一级，时人谓之'美贬'。"他在经史方面的著述也很多。《日下旧闻》四十二卷，记载了北京掌故史迹，所引经、史、小说、文集、金石文字凡一千六百四十九种，采辑渊博，内容详备。其子朱昆田撰《补遗》，乾隆又命大臣窦光鼐、朱筠等增续，别成《日下旧闻考》。此外，作为一个目录学家，他的成就也很大，著有诗文集目录《潜采堂宋金元人集目》、诗歌目录《全唐诗未备书目》、《明诗综录摭书目》、私人藏书目录《曝书亭著录》、《竹垞行笈书目》、引书目录《两淮盐策书引证书目》等等，尤以经学专题目录《经义考》为世人称道。《经义考》三百卷，是研究中国古代经学派别、经义和版本目录的重要参考书。朱氏先著有《经义存亡考》，统考历代经学，经不断修订而成《经义考》，以书名为纲，参历代目录所著说经之书，先注卷数、著者、注疏者，其下各注存、佚、阙、未见等附注，网罗宏富，为两千年来经书总汇，毛奇龄称编纂该书"非博极群书，不能有此"。

康熙三十一年 (1692)，朱彝尊以事被褫，离京南归。其《解佩令》词云："十年磨剑，五陵结客，把平生、涕泪都飘尽。老去填词，一半是、空中传恨。"这与辛稼轩《鹧鸪天》"却将万字平戎策，换得东家种树书"意境颇为相近。竹垞先生根据自己烹饪心得撰成《食宪鸿秘》，似乎也并不太难以理解。诚如年希尧序文所说的，"盖大德者小物必勤，抑养和者摄生必谨。此竹垞朱先生《食宪谱》之所为作也"，"出其生平才藻之绪余，用著斯篇，永为成宪"。

二

"食宪"之名，源自北宋陶谷《清异录》所载唐穆宗时宰相段文昌"自编《食经》五十卷，时称《邹平公食宪章》"。这里的"宪章"，是"效法"的意思。

《食宪鸿秘》内容比较丰富，以记载江浙风味菜肴为主，兼及北京及其他地区，也记载有诸种点心、果品、饮品、佐料的配制、食用方法及其食疗保健作用。全书分作两卷，以原料所属分作十六类，其下依次罗列菜肴或果品、佐料等，逐一详细记载制作方法。上卷开宗明义作"食宪总论"，谈饮食宜忌，然后分为饮之属、饭之属、粉之属、粥之属、饵之属、酱之属、蔬之属予以记述；下卷有餐芳谱、果之属、鱼之属、蟹、禽之属、卵之属、肉之属、香之属（另有"种植"、"黄杨"两条与烹饪并无直接关系者罗列其后），共计菜肴、面点、佐料配制三百六十余道。此外，《食宪鸿秘》附有汪拂云抄本的菜肴制作方法，共七十九条。

《食宪鸿秘》较为全面地记载了我国古代饮食的烹饪工艺。如上卷"粉之属"记载有粳米粉、糯米粉等十五种粉食的制作方法；"煮粥"部分介绍了神仙粥（治疗感冒伤风初起等症）、山药粥（补下元）、芡食粥（益精气，广智力，聪耳目）等近十种粥的制作方法及其食疗作用；"饵之属"有顶酥饼、千层薄脆、绿豆糕等的制作工艺；"酱之属"有合酱、笋豆、糟油等的制作方法；"蔬之属"记载有京师腌白菜、醋菜、细拌芥以及伏姜、糖姜、五美姜、素火腿等各种小菜的制作。下卷"餐芳谱"中，作者认为凡诸花、苗、叶、根与多种野菜，均可入菜，烹、煮、炸、烤、炙、腌，烹饪方法不一；"鱼之属"记载有鱼鲊、鱼饼、风鱼；"蟹"的部分记载有蟹酱、糟蟹、醉蟹；"禽之属"记载有鸭羹、鸡鲊、封鹅；"肉之属"记载有蒸腊肉、腌腊肉等的烹饪方法，特别是记载有"金华火腿"制法及其多种食法，如"东坡腿"、"辣拌法"、"糟火腿"、"煮火腿"、"熟火腿"等，是极有参考价值的；"卵之属"则记载了鸡、鸭、鹅等蛋品的制作工艺。该书所收肴馔的制法比较简明，无论是浙江笋馔、水产的烹制，还是北方面点、乳制品等的制作，都各具特色，富于实用，如"韭饼（荠菜同法）"条云，"好猪肉细切臊子，油炒半熟（或生用），韭生用，亦细切，花椒、砂仁酱拌。扞薄面饼，两合拢边，煿之（北人谓之'合子'）"；"生笋干"条记载，"鲜笋，去老头，两劈，大者四劈，切二寸段。盐揉过，晒干。每十五斤成一斤。"

此外，书中还收有一些制作方法精致而又奇特的菜肴，如"制黄雀法"、"暴腌糟鱼"、"合鲊"等，对于今天菜肴烹饪仍然很有借鉴价值。"暴腌糟鱼"条记载："腊月鲤鱼，治净，切大块，拭干。每斤用炒盐四两擦过，腌一宿，洗净，晾干。用好糟一斤，炒盐四两拌匀。装鱼入瓮，箬包泥封。""合鲊"条记载："肉去皮切片，煮烂。又鲜鱼煮，去骨，切块。二味合入肉汤，加椒末各料调和（北方人加豆粉）。"《食宪鸿秘》中也有不少菜肴属于初次记载，为中国传统烹饪的研究、仿制提供了很有价值的参考资料。

除了菜肴的制作工艺之外，食谱所记载的佐料的配制与使用方法也比较有特点。根据"香之属"的记载，用于烹饪的佐料主要有香料、大料、减用大料、素料等不同配方，和以前的食谱相比，所记载的用料方法更为丰富和多样化，诚如"香料"条所载，"凡烹调用香料，或以去腥，或以增味，各有所宜。用不得宜，反增拗味，不如清真淡致为佳也"。

三

《食宪鸿秘》认为饮食关乎社会风化，烹饪不能没有规矩，菜肴、酒饮制作不能没有章法，"六谷六牲"的烹饪和"百馐百酱"的调制都应注意与季节相互结合，只有这样才能保证烹饪的味道，符合人们的心身健康。修养高的人们对待日常生活和养生之道总是比较谨慎的，所谓"典重乎含桃羞黍，实有权衡；菽水亦贵旨甘，知孝子必以洁养"（年希尧

《序》），在祭典时，不会随意打乱进献桃、黍的次序；在遵守孝道，侍奉老人时，即使是平常的饮食，也会做得清洁可口。

《食宪鸿秘》对我国古代饮食宜忌、健康养生等问题也做出了比较详细科学的总结，在饮食宜忌、四时调配、科学膳食方面进行了精辟的论述，提供了非常实用的经验和方法。其有关饮食调理方面的内容大致可以概括为三个方面，即注意饮食有节，切忌暴饮暴食；注意清淡，切忌厚味；注意饮食调和，切忌五味偏嗜等。"饮食宜忌"条记载说："五味淡泊，令人神爽气清少病。务须洁。酸多伤脾，咸多伤心，苦多伤肺，辛多伤肝，甘多伤肾。尤忌生冷硬物。"其后，食谱即提出诸多具体的饮食禁忌事项和饮食保健措施，如"饮食不可过多，不可太速。忌空心茶、饭后酒、黄昏饭"；"软蒸饭，烂煮肉，少饮酒，独自宿"；"新米煮粥，不厚不薄，乘热少食，不问早晚，饥则食，此养身佳境也"；"饭后徐行数步，以手摩面、摩胁、摩腹，仰面呵气四五口，去饮食之毒"等。《食宪鸿秘》认为饮食之人有三种，"一铺餟之人。食量本弘，不择精粗，惟事满腹。人见其蠢，彼实欲副其量，为损为益，总不必计"；"一滋味之人。尝味务遍，兼带好名。或肥浓鲜爽，生熟备陈，或海错陆珍，诤非常馔。当其得味，尽有可口"；"一养生之人。饮必好水，饭必好米，蔬菜鱼肉但取目前常物，务鲜、务洁、务熟、务烹饪合宜。不事珍奇，而有真味"，主张"食不须多味，每食只宜一二佳味。纵有他美，须俟腹内运化后再进，方得受益"。在"饮之属"中，作者论水，认为"污水、浊水、池塘死水、雷霆霹雳时所下雨水、冰雪水（雪水亦有用处，但要相制耳）俱能伤人，不可饮"，"品茶、酿酒贵山泉，煮饭、烹调则宜江河水"，随后，食谱介绍了取水藏水法和各种水质的特性、用法，以及"须问汤"、"暗香汤"多种汤饮的制作过程。在"饭之属"中，作者又论米谷，如"米谷禀天地中和之气，淡而不厌，甘而非甜，为养生之本"；"谷皮及芒最磨肠胃。小儿肠胃柔脆，尤宜捡净"等等，对于米谷的营养价值和饮食忌讳给予了精要论述。《食宪鸿秘》讲求饮食洁净和饮食有规律，将饮食与健康养生紧密联系到一起，是有科学道理的，于中国营养学研究、药膳学研究也有重要参考价值。也正因为如此，年希尧序文中说，若以本书介绍方法烹饪饮食，"直使野蔌山肴，亦可登之天府"，"养德养身，或亦为功于仁寿"。

《食宪鸿秘》所载部分肴馔引自明代高濂撰《遵生八笺·饮馔服食笺》，如"百日内糟鹅蛋"、"松子海啰嗲"等，而该书也有部分内容又为后世烹饪专著所抄录或摘引，如袁枚《随园食单》、顾仲《养小录》等食谱都有所征引，特别是《养小录》开篇的"饮食宜忌"是对《食宪鸿秘》相关内容完全的摘抄。作为一部比较详细阐述清代初期高超水平的烹调著作，诚如年希尧序文中所谓："奇思巧制，实居金陵七妙之先，取多用宏，疑在《内则》"八珍"之上。《馔经》、《食品》，逊此宏通；《尔雅》、《说文》，方兹考据。"《食宪鸿秘》对于研究中国饮食渊流以及明清时代饮食文化、饮食科学也具有重要文献价值，对于中国烹饪史的研究和传统烹饪技艺的继承、开发都有重要参考作用。

四

本书以雍正刻本为工作底本，因篇幅所限，略有删减。在整理校注时参考了1985年由中国商业出版社出版的邱庞同先生注释标点本等不同版本，在此谨致以真诚谢意。

本书内容的编排按原文、注释、译文、点评四个部分排列，段落划分保留底本原貌，对于资料甚少的条目不强行臆测点评。

本书的注释为简注，参考了《辞源》、《汉语大字典》、《中国历史地名大辞典》等工具书，内容包括一些难解的字词、人名地名、历史典故等等。对于读者大体能读懂的字词或是比较熟悉的人名地名、历史典故，则不再出注。前文已有注释，后文一般不重复出注。所作注释，也以简要说明字音词义、典故渊源等问题为主，不作过于详细的征引或发挥。

由于时间紧迫，且由于《食宪鸿秘》涉及诸多烹饪工艺方面的专门知识，非笔者所能一一通晓，在注释、译文、点评中难免存在错讹之处，敬请方家批评指正。

食宪鸿秘

卷上

食宪总论

饮食宜忌

五味淡泊①，令人神爽气清少病②。务须洁③。酸多伤脾④，咸多伤心⑤，苦多伤肺⑥，辛多伤肝⑦，甘多伤肾⑧。尤忌生冷硬物⑨。

食生冷瓜菜⑩，能暗人耳目⑪。驴马食之，即日眼烂，况于人乎？四时宜戒，不但夏月也⑫。

夏月不问老少吃暖物，至秋不患霍乱吐泻⑬。腹中常暖，血气壮盛⑭，诸疾不生。

【注释】

①五味淡泊：口味轻淡。五味，食物按其"味"可分为酸、甘、苦、辛、咸五类。淡泊，味道不浓。

②神爽气清：常用作"神清气爽"，形容人的神志明朗、气质清爽。

③务须：务必，必须。

④酸多伤脾：酸有收敛固涩作用，多酸味能敛肺涩肠，收敛邪气。但酸味过多则会引起肝气偏胜，据五行生克，肝木就会克伐脾土。

⑤咸多伤心：咸能软、能下，有软坚散结、泻下通肠作用。但多食咸引起肾气偏胜，则"脉凝泣而变色"（《黄帝内经·素问·五藏生成篇》），肾水就会克伐心火。

⑥苦多伤肺：苦能通泄、降泄、清泄，也能燥湿坚阴（即泻火存阴），坚厚肠胃。但苦多会引起心气偏胜，心火就会克伐肺金。

⑦辛多伤肝：辛味能发表行散、行气活血。但辛味过多会引起肺气偏胜，肺金就会克伐肝木。

⑧甘多伤肾：甘味可以补脾，但过多的甘味食物会引起脾气偏胜，脾土就会克伐肾水。

⑨生冷硬物：明代陈实功《外科正宗》卷之一《痈疽门》指出："生冷伤脾，硬物难化，肥腻滑肠，故禁之。"

⑩生冷瓜菜：指的是未长成熟的，未经过烹饪处理的，或比较凉的瓜果蔬菜。

⑪暗人耳目：使人耳不聪，目不明。暗，使变暗。

⑫不但：不只是，不仅仅。

⑬不患：不害病。霍乱：中医泛指具有剧烈吐泻、腹痛等症状的肠胃疾病。

⑭血气：中医学上所讲的血气包括血和中气。

【译文】

食物有酸、甘、苦、辛、咸五味，每一味都宜轻淡些为好，这样会使人神清气爽，少生病。饮食务必注意清洁。多食酸味会伤害脾，多食咸味会伤害心，多食苦味会伤害肺，多食辛味会伤害肝，而多食甜味则会伤害肾。尤其要禁忌生冷硬物。

食用生冷的瓜果蔬菜，会有损于人的耳聪目明。驴、马等牲畜食用了，都会很快烂眼睛，何况人呢？食用瓜果蔬菜，一年四季都要有所注意，不仅仅是在夏天。

在夏天，不管老少，多吃长成熟、烹制熟了的食物，到了秋天，就不容易患上霍乱腹泻一类的疾病。人的腹内经常保持温暖状态，血气旺盛，就不会患上各种疾病。

饮食不可过多，不可太速。切忌空心茶、饭后酒、黄昏饭①。夜深不可醉，不可饱，不可远行。

虽盛暑极热，若以冷水洗手、面，令人五脏干枯，少津液②，况沐浴乎？怒后不可便食，食后不可发怒。

凡食物，或伤肺肝，或伤脾胃，或伤心肾，或动风、引湿③，并耗元气者④，忌之。

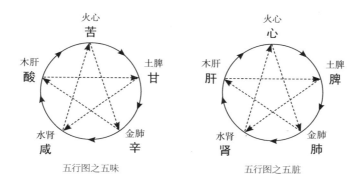

五行图之五味　　　　　　　　五行图之五脏

【注释】

①空心茶：空腹喝茶。黄昏饭：黄昏过后再吃晚饭，指晚饭吃得太迟。

②津液：中医对人体一切正常水液的总称，是构成人体和维持生命活动的基本物质之一，包括各脏腑形体官窍的内在液体及其正常的分泌物，如胃液、肠液、唾液、关节液等，习惯上也包括代谢产物中的尿、汗、泪等。津与液皆来源于水谷精微，但二者在性状、分布和功能上有所不同：质地较清稀，流动性较大，布散于体表皮肤、肌肉和孔窍，并能渗入血脉之内，起滋润作用的，称为津；质地较浓稠，流动性较小，灌注于骨节、脏腑、脑、髓等，起濡养作用的，称为液。

③动风：通常指肝风内动，又称为内风证，因阴虚、阳亢或热极、阳虚而出现头晕目眩、肢体麻木、瘙痒难耐，或如癫痫病一类的震颤、抽搐等症。引湿：引发湿邪上身、受到湿邪侵扰。湿，指湿邪，因抵抗力下降或不足，而形成致病因素并侵犯人体导致疾病。中医学认为，"湿邪"是"六淫"（风、寒、暑、湿、燥、火六种外感病邪的统称）之一。

④元气：又称"原气"、"真气"、"真元之气"，它来源于先天，是先天之精气所化生，包括元阴、元阳之气。元气发源于肾（包括命门），藏之于丹田（下气海穴处），借三焦之道通达周身。元气为人体生命活动的原动力，依靠先天精气的充养，也靠后天水谷精微的濡养。

【译文】

　　饮食不可以过多，也不可以太快。切忌空腹喝茶、饭后饮酒、晚饭吃得太迟。夜深时分，不要酒醉，不要撑饱，不要散步太远。

　　即便是在盛夏酷暑特别热的时候，如果以冰冷的水洗手、洗脸，也会令人五脏干枯，减少津液，更何况用冷水洗澡呢？发怒过后，不要马上就吃东西；刚刚吃过东西之后，也不要动气发怒。

　　所有的食物当中，有的可能有害于肺肝，有的可能有害于脾胃，有的可能有害于心肾，也有的可能导致动风、引发湿邪，都会损耗人的元气，需要多加注意。

　　软蒸饭，烂煮肉，少饮酒，独自宿①，此养生妙诀也。脾以化食，夜食即睡，则脾不磨。《周礼》"以乐侑食"②，盖脾好音乐耳。闻声则脾健而磨，故音声毕出于脾③。夏夜短，晚食宜少，恐难消化也。

　　新米煮粥，不厚不薄，乘热少食，不问早晚，饥则食，此养身佳境也。身其境者，或忽之，彼奔走名利场者④，视此非仙人耶？

【注释】

　　①宿(sù)：住，过夜，夜里睡觉。

　　②以乐侑(yòu)食：《周礼·天官·膳夫》记载："王日一举。鼎十有二，物皆有俎。以乐侑食。"侑，在筵席旁助兴，劝人吃喝。

　　③音声毕出于脾：指宫、商、角、徵(zhǐ)、羽五音终极源自脾脏。明代韩邦奇《苑洛志乐》卷一记载："声出于脾，合口而通之，谓之宫；出于肺，开口而吐之，谓之商；出于肝，而张齿涌吻，谓之角；出于心，而齿合吻开，谓之徵；出于肾，而齿开吻聚，谓之羽。"毕，究竟、到底。

　　④奔走：为某种目的而奔波忙碌。名利场：争名逐利的场所。

【译文】

　　把饭蒸得软一点，把肉煮得烂一点，少饮点酒，夜里独个儿睡眠，这是养生的重要诀窍。脾脏具有消化吸收的功能，晚上吃过东西就睡，则脾脏不再磨食。《周礼》有"以乐侑食"的记载，脾脏是喜欢音乐的啊。听到音乐，脾脏就会变得更强有力而开始磨食，所以从终极意义上说，五音源自脾脏。夏天昼长夜短，晚饭宜减少饭量，因为担心难以消化。

　　用新米煮粥，不要太稀也不要太稠，趁热吃，每次吃得少一点，不论早上晚间，饿了就吃一点，这是养生的美妙境界。身处这种境界的人，往往忽略而未加注意，而那些在名利场上奔波忙碌的人们，难道不会把这看成是神仙一般的生活吗？

　　饭后徐行数步①，以手摩面、摩胁、摩腹②，仰面呵气四五口，去饮食之毒。

　　饮食不可冷，不可过热。热则火气即积为毒。痈疽之类③，半由饮食过热及炙煿热性④。

【注释】

　　①徐行：慢慢踱步。徐，缓慢。

　　②摩胁：抚摸胁部。摩，摸，抚。胁，从腋下到肋骨尽处的部分。

　　③痈（yōng）疽（jū）：毒疮、恶疮的统称。中医学称大而浅的、多而广的为"痈"，属阳症；称深者为"疽"，属阴症。

　　④煿（bó）：烘烤，煎炒或烤干食物。

【译文】

　　吃过饭后，慢慢散步，用手按摩脸部、胁部、腹部，仰起头吐纳呼吸四五次，可以帮助祛除食物中不利健康的那些物质。

　　饮食不可以太冷，也不可以过热。食用过热的东西，则其中的火气就会积蓄为毒素。像毒疮、恶疮一类的病症，多半是由食用过热的食物或是煎烤的食物中的热性诱发的。

　　伤食饱胀①，须紧闭口齿，耸肩上视，提气至咽喉，少顷②，复降入丹田③，升降四五次，食即化。

　　治饮食不消，仰面直卧，两手按胸肚腹上，往来摩运④。翻江倒海⑤，运气九口⑥。

【注释】

　　①伤食：因饮食过量、生冷不均、杂食相克而导致食物滞纳在胃，不能消化，致使脾胃功能减退而出现腹胀腹痛、吞吐不适的病症。

　　②少顷：片刻，一会儿。

　　③丹田：多指人体脐下三寸处之关元穴。原是道教修炼内丹中的精、气、神时用的术语，有上、中、下三丹田之别，上丹田为督脉印堂之处，又称"泥丸宫"；中丹田为胸中膻中穴处，为宗气之所聚；下丹田为任脉关元穴，脐下三寸之处，为藏精之所。

　　④摩运：来回按摩。运，循序移动。

　　⑤翻江倒海：形容水势浩大，比喻力量或声势非常壮大。

　　⑥九口：指用嘴吐纳呼吸九次。

【译文】

　　伤食腹胀的时候，一定要把嘴巴、牙关闭紧，耸起肩往上仰视，然后提气到咽喉部位，稍等片刻，再下沉到丹田之中，这样反复提气、下沉四五次，就能够把食物尽快消化了。

　　治疗消化不良，可以仰面直卧，用两手来来回回按摩胸部、腹部，用大点力量吐纳呼吸九次。

　　酒可以陶性情，通血脉。然过饮则招风败肾，烂肠腐胁，可畏也。饱食后尤宜戒之。

酒以陈者为上^①，愈陈愈妙。酒戒酸、戒浊、戒生、戒狠暴、戒冷^②。务清、务洁、务中和之味^③。

饮酒不宜气粗及速^④。粗速伤肺。肺为五脏华盖^⑤，尤不可伤。且粗速无品^⑥。

凡早行，宜饮酒一瓯^⑦，以御霜露之毒^⑧。无酒，嚼生姜一片。烧酒御寒^⑨，其功在暂时，而烁精耗血、助火伤目、须发早枯白^⑩，禁之可也。惟制药及豆腐、豆豉、卜之类并诸闭气物用烧酒为宜^⑪。

饮生酒、冷酒，久之，两腿肤裂，出水、疯、痹、肿^⑫，多不可治。或损目^⑬。

【注释】

①陈：旧的，时间久的。

②狠暴：暴晒得很厉害，暴晒过了头。暴，同"曝（pù）"，晒的意思。戒冷：不可喝冷酒。酒的主要成分是乙醇，还含有对人体有害的甲醇和乙醛等物质。甲醇和乙醛的沸点都比乙醇低，加热就会挥发掉。同时温酒不伤脾胃，喝起来也更加绵甜可口，所以，将白酒适度烫热再喝更有利于身体健康。

③中和：中正平和。

④气粗：指大口喝酒，豪饮。

⑤肺为五脏华盖：肺是五脏的华盖。五脏，即心、肝、脾、肺、肾。华盖，帝王的车盖，指古代君王出门时张在头顶上或车上的华丽的伞盖。肺位于胸腔，覆盖五脏六腑之上，位置最高，"居高布叶"，因而有"华盖"之称。《黄帝内经·素问·病能论篇》记载："肺者脏之盖也。"《黄帝内经·灵枢·九针十二原》记载："五脏之应天者肺，肺者五脏六腑之盖也。"

⑥无品：没有风度，没有品味。

⑦瓯（ōu）：杯、碗之类的饮具。

⑧霜露之毒：指能够诱发感冒风寒一类疾病的物质。

⑨烧酒：用蒸馏法制成的酒，酒精含量高，引火能燃烧，也称白酒。

⑩烁精耗血：消耗人的精血。烁，通"铄"，销熔，消损。

⑪豆豉（chǐ）：我国传统发酵豆制品，广泛使用于中国烹调之中，原料一般为熟的黄豆或黑豆。豆豉在古代称为"幽菽"，东汉刘熙《释名·释饮食》中誉之为"五味调和，需之而成"。

⑫痹：中医指由风、寒、湿等引起的肢体疼痛或麻木的病症。

⑬或：也许，有时。

【译文】

适量饮酒可以陶冶性情、通经活络。然而，饮酒过量，则容易导致动风、伤害肾脏，烂肠腐胁，对此是需要有所畏惧的。吃饱饭之后，尤其注意不要饮酒。

品酒赏菊图

　　酒以陈年旧酿为最好，陈放时间越久越好。变酸了的、出现浑浊杂质的、发酵不完全的、暴晒过头的、特别冷的酒不能喝。喝酒一定要选择清醇的、纯净的、味道中正的。

　　大口喝酒或是快速喝酒是不太合适的。大口喝、喝得快有害于肺。肺为五脏华盖，尤其受伤不得。而且，大口喝酒、喝酒过快，也显得没有风度、没有品味。

　　但凡早上出行，可以喝一杯酒，能够抵挡诱发感冒风寒的霜露毒素。如果没有酒，也可以嚼上一片生姜。烧酒能够御寒，但这种功效只是暂时的，而且喝烧酒损耗人的精血、令人上火、有害眼睛，也让人胡须头发干枯、早白，不喝也罢。只是在制造药品，烹制豆腐、豆豉、萝卜等食品时，以及食用各种使人闷气的食品时，饮用烧酒是比较合适的。

　　饮用生酒、冷酒，时间长了，两腿的皮肤就会变得干裂，出现水肿、动风、疼痛麻木、肿胀等症状，多半难以治愈。常喝生酒、冷酒，也会有害于眼睛。

　　酒后渴，不可饮水及多啜茶^①。茶性寒，随酒引入肾藏，为停毒之水，令腰脚重坠、膀胱冷痛，为水肿、消渴、挛躄之疾^②。

　　大抵茶之为物，四时皆不可多饮。令下焦虚冷^③，不惟酒后也^④。惟饱饭后一二盏必不可少，盖能消食及去肥浓、煎煿之毒故也。空心尤忌之。

　　茶性寒，必须热饮。饮冷茶，未有不成疾者。

【注释】

　　①啜（chuò）：尝，喝。

　　②消渴：中医学病名。口渴，善饥，尿多，消瘦。包括糖尿病、尿崩症等。挛（luán）躄（bì）：手脚屈曲不能行动。挛，手脚蜷曲不能伸直。躄，瘸腿、跛脚。

　　③下焦：人体三焦之一。中医学将人体自咽喉至脐腹部分为三焦，下腹腔自胃下口至二阴部分即是下焦，能分别清浊、渗入膀胱、排泄废料，其气主下行。

④不惟酒后也：下焦虚冷不仅仅发生在酒后。

【译文】

喝酒过后口渴，不要喝太多水或是喝茶。茶性寒，随着酒力进入肾藏，成为积聚毒素之水，造成腰冷、脚重、膀胱冷痛，诱发水肿、消渴、挛躄等疾病。

一般来说，茶这种东西，一年四季都不适宜饮用过多。造成下焦虚冷的问题，并不仅仅发生在酒后。只是在吃饱饭后，喝上一两杯也是不可或缺的，大概是因为能够帮助消化，祛除肥腻浓烈、煎炸烘烤的毒素。空腹的时候，尤其注意不要喝茶。

茶性寒，一定要趁热喝。喝冷茶，没有不诱发疾病的。

饮食之人有三：

一餔餟之人①。食量本弘，不择精粗，惟事满腹。人见其蠢，彼实欲副其量②，为损为益，总不必计。

一滋味之人③。尝味务遍，兼带好名。或肥浓鲜爽，生熟备陈④，或海错陆珍⑤，诨非常馔⑥。当其得味，尽有可口。然物性各有损益，且鲜多伤脾，炙多伤血之类。或毒味不察，不惟生冷发气而已。此养口腹而忘性命者也。至好名，费价而味实无足取者，亦复何必？

一养生之人。饮必好水宿水滤净，饭必好米去砂石、谷稗⑦，兼戒饐而餲⑧。蔬菜鱼肉但取目前常物，务鲜、务洁、务熟、务烹饪合宜。不事珍奇，而自有真味⑨；不穷炙煿⑩，而足益精神。省珍奇烹炙之赀⑪，而洁治水米及常蔬，调节颐养，以和于身地，神仙不当如是耶？

【注释】

①餔餟（bū zhuì）：吃吃喝喝。餔，吃。餟，饮、喝。

②副：相配，相称。

唐代宴饮图

③滋味：享受美味。

④备陈：陈设齐备。备，完全，完备。陈，排列，摆设。

⑤海错陆珍：山野和海里出产的各种珍贵食品，泛指丰富的菜肴，也作"山珍海错"。海错，指各种海味。

⑥谇（suì）非常馔（zhuàn）：胡说是什么不同平常的肴馔。谇，告知。馔，一般的食品、食物。

⑦砂：细碎的石粒。谷稗（bài）：也称稗子、稗谷，为稻田中杂草的种子，叶子像稻，果实像黍米。

⑧馂（yì）而餲（ài）：食物腐臭变质。馂，食物腐败发臭。餲，食物经久而变味。

⑨真味：指味道纯正的食品，或食物本来的味道。

⑩不穷炙煿：不需尽用烧烤、煎炒。穷，尽。炙，烧烤。

⑪赀（zī）：通"资"，财物，钱财。

【译文】

饮食之人可以分为三种：

第一种是那种只顾吃吃喝喝的人。这种人饭量本来也够大，吃饭不管是精细还是粗糙，只求填饱肚子。人们觉得这种人愚昧，而他们只是需要对得起自己的饭量，不管有害还是有益，从来就不予计较。

第二种是那种追求美味享受的人。这种人力求遍尝诸味，而且看重虚名。佳肴美味、新鲜果蔬，不管生熟，都会准备齐全；把各种各样的山珍海味，都说成是不同平常的肴馔。只要味道不错，就恨不得把这些东西全部吃过。然而，从品质来说，食物对人体往往有益处也有不利，新鲜的东西吃多了，会伤及脾脏，烧烤一类的东西吃多了，可能会出现瘀血、失血一类的伤血病症。还有的食物中的有毒物质不容易被发现，不仅仅是生冷食物、发气食物的问题。这是满足口欲而不顾性命的人啊。说到爱慕虚名，不仅浪费钱财，而且有的食物的味道也实在没有啥可取的，又何必如此呢？

第三种是那种注重养生的人。喝水必选好水停放过了夜的、过滤干净的，做饭必用好米拣去沙子、稗谷，而且不吃那些腐败变质的。蔬菜鱼肉也只用当令常见的品种，一定要新鲜、干净、成熟、烹饪得当。不追求什么珍馐奇味，却自有食物纯正的味道；不穷尽烧烤煎炒的技艺，却足够有利于人的精气元神。节省下珍馐奇味的开销和烧烤煎炒的费用，而把水、米和常见蔬菜淘洗干净，注意调理保养，与人们身体需要相和谐，神仙也不过如此吧？

　　食不须多味，每食只宜一二佳味。纵有他美，须俟腹内运化后再进①，方得受益。若一饭而包罗数十味于腹中，恐五脏亦供役不及②。而物性既杂，其间岂无矛盾③？亦可畏也。

【注释】

①俟（sì）：等待，等候。

②供役不及：无法承受。供役，服役，执役，这里指负担得起。

③矛盾：这里指在许多食物中，有些食物物性不同，食性相克，不能同时进食。

【译文】

一次饮食一定不要过多品种，每顿饭只宜一两道美味就可以了。纵然有其他的美味，也一定需要等待腹内完全消化后再进食，这样才能有所裨益。如果每顿饭时，腹内就填满几十种口味的食物，只恐怕五脏也无法承受。而且食物物性复杂多样，彼此之间怎么可能没有食物相克不宜同食的问题？对此也是应该有所畏惧的。

【点评】

这里记述的是饮食方面的注意事项。《食宪鸿秘》开宗明义，综论了饮食禁忌以及饮食与健康养生的关系，指出饮食宜清淡，不要偏嗜；若肥肉厚酒，五味偏嗜，则为寿者之大忌。人体五脏各有宜忌之味，五味与五脏之间利害尤关，明代李时珍《本草纲目》"五欲"即指出："肝欲酸，心欲苦，脾欲甘，肺欲辛，肾欲咸，此五味合五脏之气也。"现代科学证明，人共有五种味觉，即酸、甜、苦、咸和鲜。中医认为，问其所欲五味，即可了解其病所起所在，人在早起之后如果感觉口有酸、甘、苦、辛、咸，那就分别表示肝、胆、脾、肺、肾

明·金制酒具

有病起。

《吕氏春秋通诠》将金、木、水、火、土五行配属五味，以区分五味的五行属性，谓酸属木、苦属火、甘属土、辛属金、咸属水，其中辛、甘属阳，酸、苦、咸属阴。朱彝尊正是运用"五行"学说对五味五脏相生相克的关系给予了生动的阐释。简而言之，神与气是人的一种精神状态，有充足的气血濡养，人才会显得神清肤润。如果气血运行失常、阴阳失衡或脏腑功能失调，那么人的身体健康以及精神风貌就会受到影响。而气血由脾脏消化食物生成，依靠肾脏凝聚，收藏于肝脏，所以平时需要注意饮食，以便能有效驱除积聚秽气，调和脏腑阴阳，平衡体内气血。朱彝尊提出饮食禁忌的出发点正在于此。

《食宪鸿秘》用"五行"学说来说明五味和五脏之间的利害关系，内容有不少是符合现代科学的。《食宪鸿秘》指出，饮食宜新鲜、干净、烹饪得当，而不必刻意追求山珍海味，这对人们日常生活的调理保养具有一定指导意义。《食宪鸿秘》也考虑了脾胃虚弱者，特别是老年人齿豁易落的特点，提出了"软蒸饭，烂煮肉"，具有相对科学的成分，比较有利于营养物质的消化吸收。酒性热而体湿，但如果饮量过多，则能阻遏脾胃之阳，助热生痰，所以《食宪鸿秘》规劝饮酒要以适量为宜，正确的饮法应该是轻酌慢饮。这和其他著作的观点是相一致的。《吕氏春秋》记载："凡食之道，……饮必小咽，端直无戾。"清代乾嘉时期童岳荐《调鼎集》也明确提出，饮酒"忌速饮流饮"。清末徐珂也认为"急食非所宜"，饮食、喝酒都应细嚼慢咽，这样才有助于消化，或品出味道，不至于给肠胃脾脏造成沉重负担。《食宪鸿秘》也提出了粥食的养生道理，认为食粥不但易消化，且益胃生津，有益健康，对老年人的脏腑尤为相宜。至于喝茶，《食宪鸿秘》认为，茶性寒，一年四季都不适宜饮用过多，更不宜空腹喝，选择在吃饱饭后喝上一两杯，则是甚有裨益的，能够帮助消化，祛除佳肴美味、煎炸烘烤的所积聚的有害物质。

饮之属

从来称饮必先于食，盖以水生于天，谷成于地，"天一生水，地二成之"之义也①，故此亦先食而叙饮。

【注释】

①天一生水，地二成之：古代阴阳五行学说的内容。《周易·系辞上》记载："天一，地二；天三，地四；天五，地六；天七，地八；天九，地十。"宋代朱熹注曰："一变生水，而六化成之；二化生火，而七变成之。"天、奇数、火为阳，地、偶数、水为阴，阳生阴，阴又生阳，所以有天生水、地生火的说法。

【译文】

一直以来，人们说到"饮"，必然是把它放在"食"的前面，这是因为雨水来源形成自上天，而禾谷成长成熟于大地，即所谓"天一生水，地二成之"，所以这里也是于论说"食"之前而先论说"饮"。

论水

人非饮食不生，自当以水谷为主。肴与蔬但佐之①，可少可更②。惟水谷不可不精洁。

天一生水。人之先天只是一点水。凡父母资禀清明③，嗜欲恬澹者④，生子必聪明寿考⑤。此先天之故也。《周礼》云："饮以养阳，食以养阴。"⑥水属阴，故滋阳；谷属阳，故滋阴。以后天滋先天，可不务精洁乎？故凡污水、浊水、池塘死水、雷霆霹雳时所下雨水、冰雪水雪水亦有用处，但要相制耳⑦俱能伤人，不可饮。

【注释】

①肴（yáo）：做熟的鱼肉等。但：只，仅，只是。佐：辅助，帮助。

②更（gēng）：改变，改换。

③资禀清明：资质聪明。资禀，资质，禀赋。清明，清淡明智。

④嗜欲恬澹：清心寡欲。嗜欲，嗜好与欲望，多指贪图身体感官方面享受的欲望。恬澹，不追求名利、淡泊。

⑤寿考：年高，长寿。

⑥"《周礼》云"句：所载不见于《周礼》正文。元代毛应龙《周官集传》之《天官·膳夫》部载其注解曰："食以养阴，饮以养阳。"这或许是《食宪鸿秘》引用所据。《周官》，《周礼》的别名，故云。

⑦但要相制耳：但是需要有所限制，即需要进一步处理的意思。

【译文】

人如果不吃不喝就没法生存，生存当以水和粮食最为根本。鱼肉与蔬菜只是起到辅助作用，可以少食也可以变换种类。唯有水和粮食不能不注意精细清洁。

人们说"天一生水"，人的先天不过是水的一滴。但凡做父母的资质聪明、清心寡欲，生下子女也一定是聪明伶俐、健康长寿。这是受先天的影响啊。《周礼》记载说，饮水可以滋养人们的阳气，食粮可以滋养人们的阴气。水属于阴，所以能够滋阳；粮属于阳，所以能够滋阴。以后天的物质滋养先天的资质，怎么能不注意精细清洁呢？因此说，凡是污水、浊水、池塘不流动的死水、打雷时所下的雨水、冰雪融化的水雪水当然也是有用的，只是要做进一步的处理才可以，对人的身体都会产生伤害，是绝对不可以饮用的。

第一江湖长流宿水

品茶、酿酒贵山泉，煮饭、烹调则宜江湖水。盖江湖内未尝无原泉之性也①，但得土气多耳。水要无土滓，又无土性。且水大而流活②，其得太阳亦多，故为养生第一。即品泉者，亦必以扬子江心为绝品也③。滩岸近人家洗濯处④，即非好水。

暴取水亦不佳⑤，与暴雨同。

秋江图

【注释】

①原泉之性：源泉的品质。

②流活：流动。

③扬子江：江苏南京以下长江下游河段的旧称，今也用作整个长江的代称。

④洗濯（zhuó）：洗涤。濯，洗。

⑤暴取水：刚刚从江湖中取来的水。暴，过于急躁的，这里指时间很短的。

【译文】

烹茶酿酒以山泉水为贵，做饭炒菜，使用江里湖里的水则比较适宜。大江大湖里的水不是没有山间源泉的品质，只不过土气相对多一些而已。用水是要没有土渣，也没有土气的。况且，大江大湖水势浩大、不断流动，太阳光照也多，所以这样的水才是养生的第一选择。即使是钟爱山泉的人，也一定会认为扬子江江心的水对于做饭炒菜来说算是极品。滩涂岸边，距离人们洗洗涮涮的地方太近，便称不上是好水了。

刚刚从江湖里取来的水也不好，和暴雨水是一样的。

取水藏水法

不必江湖，但就长流通港内，于半夜后舟楫未行时泛舟至中流①，多带坛瓮取水归②。多备大缸贮下，以青竹棍左旋搅百余回，急旋成窝即住手。将箬笠盖好③，勿触动。先时留一空缸，三日后，用洁净木杓于缸中心将水轻轻舀入空缸内④，舀至七分即止。其周围白滓及底下泥滓，连水淘洗，令缸洁净。然后将别缸水如前法舀过。逐缸搬运毕，再用竹棍左旋搅过盖好。三日后舀过缸，剩去泥滓。如此三遍。预备洁净灶锅专用常煮水旧锅为妙，入水，煮滚透，舀取入坛。每坛先入上白糖霜三钱于内，然后入水，盖好。停宿一二月取供⑤，煎茶与泉水莫辨，愈宿愈好。煮饭用湖水宿下者乃佳。即用新水，亦须以绵绸滤去水中细虫秋冬水清，春夏必有细虫杂滓。

【注释】

①舟楫(jí)：泛指船只。楫，划船用具，短曰楫，长曰棹。

②瓮(wèng)：一种盛水或酒等的陶器。

③箬(ruò)笠(lì)：又称斗笠、笠帽、竹笠，是一种用箬竹的篾或叶子编制而成的圆锥形帽子，十分轻便，可用来遮阳避雨。

④杓(sháo)：同"勺"。

⑤停宿(sù)：停留。宿，停留。

【译文】

用水不一定需要自大江大河中取，只要是长期流动的河流都可以取用。到了后半夜，客货船只停止航行时，驾着小船到河流中心去把水取回来，要多带一些坛坛罐罐。回来后，再多准备一些大缸，把水贮存下来，然后用青竹棍向左旋转搅动百余下，急速旋转，当水形成一个旋涡后，就停手。然后取来箸笠盖好，不要再碰。事先要备好一个空缸，三天过后，用干净的木勺从缸的中心轻轻地把水舀到空缸中，舀走七分光景的水后就停下来。缸壁四周有白色的渣垢，缸底有泥滓，和着剩下的水清洗，保持缸的清洁。然后将别的缸里的水，用同样的方法舀到空缸里。挨个缸的水舀到空缸之后，再用竹棍向左旋转搅动，盖好盖子。三天过后，再舀到别的空缸里，滤去泥滓。就这样来回过滤三遍。准备好干净的灶锅专门且经常用来煮水的旧锅最好，把水倒进去，煮到滚开，再把水舀到坛坛罐罐里。每个坛罐里要先放进去三钱上好白糖霜，然后再把煮过的水装进去，盖好盖子。停放一两个月后可取来使用，泡茶时也与泉水难以区别，停放的时间越久越好。煮饭的话，将湖里的水过滤停放后再使用才好。即便需要使用才取来不久的湖水，也一定需要用绵绸等织物过滤掉水中小虫秋冬季节的湖水还算清洁，春夏时分的湖水一定会有小虫、碎渣。

第二山泉雨水 烹茶宜

山泉亦以源远流长者为佳。若深潭停蓄之水[①]，无有来源，且不流出，但从四山聚入者亦防有毒。

雨水亦贵久宿入坛，用炭火熬过。黄梅天暴雨水极淡而毒，饮之损人，着衣服上即霉烂，用以煎胶矾制画绢，不久碎裂。故必久宿乃妙久宿味甜。三年陈梅水[②]，凡洗书画上污迹及泥金澄漂[③]，必须之至妙物也。

凡作书画，研墨着色必用长流好湖水。若用梅水、雨水，则胶散；用井水，则咸[④]。

【注释】

①停蓄：也作“停潴”，停留蓄积的意思。

②三年陈梅水：陈放三年的黄梅天雨水。陈，旧的，时间久的。

红陶人物飞鸟罐

③泥金：用金粉或金属粉制成的金色涂料，用来装饰笺纸或调和在油漆中涂饰器物。澄（dèng）：让液体里的杂质沉下去。漂（piǎo）：用水冲洗去杂质。

④咸：通"碱"。被盐碱侵蚀。

【译文】

山泉也是以源远流长的为好。如果是深潭之中停留蓄积的水，没有来源，且不能流出，只是从山上四面八方汇聚而成，那就要防备这种水可能有碍健康。

雨水也要注重停放时间久一点要放到坛子里，用炭火熬煮过。黄梅时节，暴雨味淡且有碍健康，人喝了这样的雨水，就会受到损伤；衣服沾上这样的雨水，很快就会发霉变坏；用这样的水来煎熬胶、矾，刷到画绢上之后，不久就会破碎裂开。所以也需要过滤停放较长时间才好过滤停放时间长了，味道会变甜。陈放三年的黄梅雨水，但凡用来清洗字画上的污渍，以及泥金漂洗，都是不可或缺的，功效极为奇妙。

但凡习书作画，在研墨着色之时，一定要使用长期流动品质好的湖水。如果使用黄梅时节的雨水，或一般的雨水，则胶容易散落；用井水，则容易起碱。

第三井花水

煮粥，必须井水，亦宿贮为佳①。

盥面②，必须井花水平旦第一汲者名井花水③，轻清斥润④，则润泽益颜。

凡井水澄蓄一夜，精华上升，故第一汲为最妙。每日取斗许入缸，盖好，宿下用，盥面，佳。即用多，汲亦必轻轻下绠⑤，重则浊者泛上，不堪。凡井久无人汲取者，不宜即供饮。

【注释】

①宿（sù）贮：储存一夜。宿，隔夜的。贮，储存。

②盥（guàn）面：洗脸。盥，浇水洗手，泛指洗。

③平旦：黎明，即太阳露出地平线之前，天刚蒙蒙亮的时候。汲（jí）：从井里打水。

④斥：多，广。

⑤绠（gěng）：汲水用的绳子。此处借指水桶。

【译文】

煮粥一定需要用井水，而且也是以过滤停放一夜之后的为好。

洗脸一定要使用井花水天刚蒙蒙亮时从井里打上来的第一桶水，清盈有光泽，这样有益于润肤美容。

但凡井水，于深井之中静蓄一夜之后，精华上升，所以打上来的第一桶水是最好的。每天量取斗把的井水放进缸里，盖好盖子，停放起来，用来洗脸很有好处。即使需要很多井水，打水的时候也一定要轻轻放下水桶，用力过大的话，井水中的浊气就会泛上来，不好再使用。凡是好久也没有人打过水的井，取来水后，是不能马上就饮用的。

彩陶瓮

【点评】

古人认为，天一地二，水生于天，

谷成于地，而人之先天不过是一滴水，所以人们需要以水与谷为主，而以菜肴为辅。在水谷两者当中，水滋阳而谷滋阴，所以水又比谷重要。《管子》记载："水者，地之血气，如筋脉之通流者也，故曰水具材也。"明代李时珍《本草纲目》记载："盖水为万化之源，土为万物之母。饮资于水，食资于土。饮食者，人之命脉也，而营卫赖之。故曰：水去则营竭，谷去则卫亡。然则水之性味，尤慎疾卫生者之所当潜心也。"

水可以分为雨露霜雪、海河泉井不同种类。《食宪鸿秘》提出了诸水各有各的用途。品茶、酿酒应该用山泉水；烹饪宜用江湖长流宿水，特别是煮粥，"必须井水，亦宿贮为佳"。但是，江湖宿水和井水也并不是随便取来就可以使用的，这里面也大有讲究，应为图"精洁"。如用江湖长流宿水，要取江心的，并反复沉淀；用井水，最好取用"井花水"，即黎明时分打的第一桶水。这与南宋贾铭的养生观念是一致的。贾铭《饮食须知》记载："凡井水，远从地脉来者为上。如城市人家稠密，沟渠污水杂入井中者，不可用。须煎滚澄清，候碱秽下坠，取上面清水用之。如雨浑浊，须擂桃杏仁，连汁投入水中搅匀，片时则水清矣。"虽然《食宪鸿秘》所记载的取水之法未免太过操心费力，但其"食求精洁"的美食观还是值得肯定的。

《食宪鸿秘》认为，江湖中水大而流活，得太阳光照也多，对于养生最为重要，所以称之为"第一江湖长流宿水"，而称山泉雨水为第二，井花水为第三。这与其他观点或有不同。李时珍把江湖水归为地水，认为"其外动而性静，其质柔而气刚"，"水性本咸而体重，劳之则甘而轻。取其不助肾气，而益脾胃也"。他把江湖水分为顺流水、急流水与逆流水三种：顺流水性顺而下流，又名甘澜水；急流水湍上峻急，其性急速而下达；逆流水为洄澜之水，其性逆而倒上。三者之间，顺流水为最好。虽然如此，李时珍仍然认为地水不如天水。明代高濂也持相同看法，认为饮膳之水应该用"灵水"，即雨雪露霜雹等"天水"，是清明而不混浊的。其《遵生八笺·饮馔服食笺》记载："灵，神也，天一生水而精明不淆，故上天自降之泽实灵水也。""灵者阳气胜而所散也，色浓为甘露，凝如脂，美如饴，一名膏露，一名天酒。""雪者天地之积寒"，"雪为五谷之精。""雨者阴阳之和，天地之施。水从云下，辅时生养者也。和风顺雨，明云甘雨。"明代田艺蘅《煮泉小品》记载："井……其清出于阴，其通入淆……脉暗而味滞，故鸿渐曰井水下。""江，公也，众水共入其中也，水共则味杂。""泉，自谷而溪而江而海，力以渐而弱，气以渐而薄，味以渐而咸。"言意之下，井水、江水都不如泉水好。

白滚水[①]空心嗜茶，多致黄瘦或肿癖[②]，忌之

晨起，先饮白滚水为上夜睡，火气郁于上部，胸膈未舒[③]，先开导之，使开爽。淡盐汤或白糖或诸香露皆妙[④]。即服药，亦必先饮一二口汤乃妙。

【注释】

①白滚水：白开水。

②癖（pǐ）：中医指饮水不消的病。

③膈（gé）：人或哺乳动物体腔中分隔胸腹两腔的膜状肌肉，亦称"膈膜"、"横膈膜"。

④汤：开水，热水。香露：把能食用的花瓣放入甑中蒸馏酝酿而成的汁液。

【译文】

早上起来的时候，先喝上一杯白开水是很有好处的夜里睡眠，火气郁结在人体上部，胸膈没有舒展开来，通过喝水先予之疏通，可以使人感觉舒畅、爽快。比较清淡的盐水、白糖水或是各类香露，都很不错。即使服药的时候，也一定要先喝上一两口白开水才好。

【点评】

对于人来说，水是仅次于氧气的重要物质，无论是营养素的消化、吸收、运输和代谢，还是废物的排出，或是生理功能及体温的调节等，都离不开水。白开水清淡无味、极其普通，是平常生活中人们喝得最多的饮品。根据中药养生学，白开水是中性的物质，位列百药之首，可以将体内的阴、寒、湿、毒带走，通过排泄、排汗将这些身体的杂物带出体外。早晨空腹喝

25

卷上 饮之属

上一杯温热的白开水，对身体百益而无一害，一方面可以解渴、利尿，润滑组织和关节，促使皮肤变得光滑细嫩，另一方面，也可以稀释血液、降低血黏稠度、促进血液循环，有利于减少血栓危险、防止心脏病"高峰期"的心脑血管疾病的发生。

福橘汤

福橘饼，斯碎^①，滚水冲饮^{"橘膏汤"制法见"果门"}。

【注释】

①斯：裂，扯开。

【译文】

把福建生产的橘子饼撕碎，用开水冲泡饮用^{"橘膏汤"的制作方法参见"果门"}。

【点评】

福橘为我国橘类佳品，以福建闽清等地为主要产地，栽培历史悠久，隋唐以前即有种植，明清时期也称为朱橘。福橘果实扁圆，不仅色泽鲜红、皮薄肉多、甜酸适口、光滑耐贮，而且含有葡萄糖和多种维生素，特别是维生素C含量更多，是病弱者良好的辅助食品。其皮、核、络都有药效，可入中药。橘皮具有理气调中、燥湿化痰等功效，南朝梁陶弘景记载，橘皮"以陈者为良"，所以也习称为"陈皮"。而橘饼则有化痰镇咳、温胃健脾等功效。如今，吃福橘也逐渐成为多个地方的过节风俗，人们在大年初一吃福橘，寓意团圆、如意、幸福等美好愿望。

橄榄汤

橄榄数枚，木捶击破^①，入小砂壶，注滚水，盖好，停顷作饮^{②刀切作}黑绣、作腥^③，故须木捶击破。

【注释】

①搥：当作"槌（chuí）"，指木质敲打工具。

②停顷作饮：稍停一会儿再饮用。顷，短时间。作，从事，进行。

③作黑绣：作，兴起，产生。绣，当作"锈"字。

【译文】

橄榄数枚，用木槌敲破，放进小砂壶里，倒入开水，盖好盖子，稍停片刻后饮用如果用刀切，会产生黑色锈斑和腥味，所以一定需要使用木槌敲破。

杏仁汤

杏仁，煮，去皮、尖，换水浸一宿①。如磨豆粉法，澄②。去水，加姜汁少许，白糖点注③，或加酥蜜北方土燥故也。

【注释】

①宿（xiǔ）：夜。

②澄（dèng）：让液体里的杂质沉下去。

③点注：注入。点，滴注。

【译文】

水煮杏仁，去掉皮、尖，换水浸泡一夜。如磨豆粉法一样，把杂质澄清。把水倒掉，然后放进少量姜汁、白糖，或者放进些酥酪、蜂蜜这是北方干燥的原因。

暗香汤

腊月早梅，清晨摘半开花朵，连蒂入磁瓶①。每一两许用炒盐一两洒入，勿用手抄，坏。箬叶、厚纸密封②。入夏取开，先置蜜少许于杯内，加花三四朵，滚汤注入。花开如生，可爱。充茶，香甚。

【注释】

①磁：同"瓷"。

②箬（ruò）：一种竹子，叶大而宽，可编竹笠，又可用来包粽子。

【译文】

腊月早梅，清晨时分采摘半开的花朵，连带花蒂一起，装入瓷瓶之中。每一两的花朵，洒入一两的炒盐，切忌不要用手翻动，用手翻动容易使梅花变质坏掉。用箬叶、厚纸一起密封起来。等到了夏天，打开密封的盖子，先在杯子里放上少量的蜂蜜，再加放入三四朵腌过的腊梅花，把滚开的热水倒进去。花在水中渐渐舒展开来，如同鲜花一样可爱。代替茶饮，非常香。

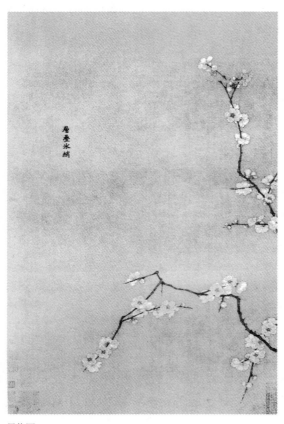

早梅图

【点评】

这里介绍的是暗香汤的制作方法。暗香汤实际即是梅花汤。北宋林逋有《山园小梅》诗曰："众芳摇落独暄妍，占尽风情向小园。疏影横斜水清浅，暗香浮动月黄昏。"其中的"暗香浮动"，即指梅花散发的清幽香味在飘动。南宋陈言医学著作《三因极一病证方论》（又名《三因方》）卷十"梅花汤"记载："治消渴疾。"明代朱橚等《普济方》卷二百六十七"梅花汤"记载:"旋摘方开者,溶蜡封花口,投蜜罐子。过时用之。以匙梅花两朵,连蜜一匙,沸汤斟服。"

29

卷上　饮之属

须问汤

东坡居士歌括云①:三钱生姜干,为末一斤枣干用,去核,二两白盐飞过②,炒黄一两草③炙,去皮。丁香末香各半钱④,约略陈皮一处捣⑤。煎也好,点也好⑥,红白容颜直到老。

【注释】

①歌括:犹歌诀。

②飞过:指用"飞"的方法处理过的盐,即飞盐。用好盐入滚水泡化,澄去石灰、泥滓,入锅煮干而制成的盐,入馔不苦。

③草:甘草。味甘,性平,无毒。治五脏六腑寒热邪气,坚筋骨,长肌肉,倍气力,解毒,久服轻身延年。生用泻火热,熟用散表寒,去咽痛,除邪热,缓正气,养阴血,补脾胃,润肺。

④末香:当作"木香"。药材,气味芳香,味辛性温,入心、肺、肝、脾、胃、膀胱六经,有行气止痛、调中导滞、燥湿化痰的功效,可供膳食,也可入药,用于胸脘胀痛、泻痢后重、食积不消、不思饮食。脏腑燥热、胃气虚弱、阴虚津液不足者慎服。

⑤约略:略微,轻微。这里指少量、适量。

⑥点:指茶、汤的调制,即茶、汤的煎煮、沏泡技艺。

【译文】

苏东坡有歌诀说:三钱生姜干姜磨为末一斤枣选取去了核的干枣,二两白盐把盐飞过再炒黄一两草烤干去了皮的甘草。丁香木香各半钱,约略陈皮一处捣。煎也好,点也好,红白容颜直到老。

【点评】

东汉许慎《说文解字》云："须，面毛也。""问，讯也。""须问"有问讯面色之意，"须问汤"即是一种美容润肤的饮品。"须问汤"记载于明代高濂所撰养生专著《遵生八笺·饮馔服食笺》，原文记载略有不同，"东坡居士歌云：三钱生姜（干，为末）一斤枣（干用，去核），二两白盐（炒黄）一两草（炙，去皮）。丁香木香各半钱，酌量陈皮一处捣（去白）。煎也好，点也好，红白容颜直到老。"此汤相传为北宋苏轼所创。苏轼工于诗词书画，对养生亦颇有研究，著有《苏东坡养生诀》等。

凤髓汤 润肺，疗咳嗽

松子仁、核桃仁 汤浸，去皮 各一两，蜜半斤。先将二仁研烂，次入蜜和匀，沸汤点服。

【译文】

备好松子仁、核桃仁用开水浸泡、去掉外皮各一两，再备下半斤蜜。先将两种果仁研磨捣烂，然后把蜜拌入调和均匀，用滚烫的开水冲泡饮用。

芝麻汤 通心气，益精髓

干莲实一斤①，带黑壳炒极燥。捣，罗极细末。粉草一两②，微炒，磨末，和匀。每二钱入盐少许，沸汤点服。

【注释】

①莲实：莲子。又称白莲、莲米、莲肉。

②粉草：粉甘草，指质量好的甘草。

【译文】

　　一斤干莲子,带着黑壳爆炒,及至焦干。然后把莲子捣碎,用罗筛成特别细的粉末。质量好的甘草一两,稍微炒一下,磨成粉末,与莲子粉调和均匀。每二钱粉末拌入一点盐,用滚烫的开水冲泡饮用。

【点评】

　　莲,别名荷花、芙蓉、菡萏、水芝、泽芝等,这里名为"芝麻汤",而以"莲实"为原材料,或为"水芝汤"之误。

　　东汉许慎《说文解字》云:"未发为菡萏,已发为芙蓉。"所谓"芙蓉"就是"敷布容艳"(明代李时珍《本草纲目》)的意思。三国曹植有《芙蓉赋》云:"览百卉之英茂,无斯华之独灵。"认为所有的花都比不上莲花。莲味苦甘性平,入心、肝经。莲花清香升散,具有清心解暑、散瘀止血、消风祛湿等功效;莲子具有清心醒脾、补脾止泻、养心明目、补中养神,止泻固精、益肾止带等功效。此外,荷叶能清暑解热,莲梗能通气宽胸,莲心能清火安神,莲房能消淤止血,藕节能解酒毒等。《本草纲目》有"医家取为服食,百病可却"的记载,从荷叶到莲茎,自莲花到莲子,可以说是无一不可入药。

乳酪方 从乳出酪,从酪出酥,从生酥出熟酥,从熟酥出醍醐[①]

　　牛乳一碗 或羊乳,搀水半钟[②],入白面三撮[③],滤过,下锅,微火熬之。待滚,下白糖霜[④]。然后用紧火[⑤],将木杓打一会[⑥],熟了再滤入碗 糖内和薄荷末一撮更佳。

【注释】

　　①"从乳出酪"四句:语出北凉昙无谶译《大般涅槃经·圣行品》:"譬如从牛出乳,从乳出酪,从酪出生酥,从生酥出熟酥,从熟酥出醍醐。醍醐最上。"醍醐(tí hú),从酥酪中提制出的油。

②钟：同"盅"，古代酒器。

③撮（cuō）：量词，指用手指捏取的分量。

④白糖霜：即糖霜，白糖。

⑤紧火：急火，指烧煮东西时的猛火。

⑥打：搅拌。

【译文】

准备一碗牛乳或羊乳，搅上半酒盅水，拌入三撮白面，过滤一下，放进锅里，用小火慢慢熬。等煮开的时候，放一点白糖进去。然后用大火烧，用木勺搅拌一会，煮熟后再过滤到碗里，白糖内和上一小撮薄荷末更好。

【点评】

醍醐，从酥酪中提制出的油。唐代李勣、苏敬等纂《唐本草》记载："醍醐，生酥中，此酥之精液也。好酥一石，有三四升醍醐，熟杵炼，贮器中，待凝，穿中至底，便津出得之。"作为一种从牛乳中提炼出的质地粘厚的发酵乳脂，醍醐富有营养，需要经过若干复杂工序才能制成。明朝李时珍《本草纲目》称牛乳为"仙家酒"，诗曰："仙家酒，仙家酒，两个壶卢盛一斗。五行酿出真醍醐，不离人间处处有。丹田若是干涸时，咽下重楼润枯朽。清晨能饮一升余，返老还童天地久。"

奶子茶

粗茶叶煎浓汁①，木杓扬之，红色为度②。用酥油及研碎芝麻滤入，加盐或糖。

【注释】

①粗茶叶：指夏季采摘的老茶叶。

②度：准头，限度。

【译文】

用粗茶叶煎煮出浓浓的茶汁,拿木勺往上扬,以看到茶汁变红为标准。然后把酥油和磨碎的芝麻过滤掉杂质,放进茶里,加上盐或糖就可以了。

【点评】

这里介绍的是用粗茶叶调和酥油、芝麻末做奶子茶的方法。粗茶叶,并不是指粗劣的茶叶。一般地,茶叶从茶树上采集下来分为两季:清明前后采摘的新茶叶,称为细茶;夏秋时节采摘的老茶叶,称为粗茶。夏秋时节来临,茶树在强阳光照射下迅速生长,茶叶变得肥厚,积累了大量多酚类物质与丹宁。细茶尽管别具风味,但有益于人体健康的物质的含量却少于粗茶。粗茶叶味道较苦,但其中所含大量茶多酚、茶丹宁、茶多糖等有益物质对人体有保健作用,很适合老年人饮用。茶多酚是一种天然抗氧化剂,能抑制自由基在人体内造成的伤害,有抗衰老作用,还能阻断亚硝胺等致

奶桶

癌物对身体的损害。茶丹宁则能降低血脂,防止血管硬化,保持血管畅通,维护心、脑血管的正常功能。茶多糖能缓解和减轻糖尿病症状,具有降血脂、降血压等作用。

杏酪

京师甜杏仁[①],用热水泡,加炉灰一撮,入水,候冷,即捏去皮,用清水漂净。再量入清水,如磨豆腐法带水磨碎。用绢袋榨汁去渣。以汁入锅煮熟,加白糖霜热啖。或量加牛乳亦可。

【注释】

　①京师：今北京。

【译文】

　　取来北京的甜杏仁，用热水浸泡，放一小撮炉灰进去，然后再加点凉水，等水变凉了之后，随即就剥去杏仁皮，并用清水漂洗干净。然后再加入适量清水，像磨豆腐一样，和着水磨碎。过后，把磨碎的杏仁装进绢袋榨出汁，去掉渣。把榨出的杏仁汁放进锅中煮熟，加点糖趁热吃。或者酌量加点牛乳也可以。

【点评】

　　杏酪是北京地区传统的风味小吃，也叫"杏仁酪"、"杏仁茶"。清末薛宝辰《素食说略》也记载了"杏仁酪"的制法："糯米浸软，捣极碎，加入去皮苦杏仁若干，同捣细，去渣煮熟，加糖食。"清代《光绪顺天府志》"物产"又记载："杏仁粉：按以杏子仁甜者磨为粉，然不尽纯。或杂以薯粉，土人和糖调水为'杏仁茶'。"杏仁茶颜色洁白，杏仁味格外浓郁，味道甜润而细腻，所以清代杨曼卿有《天桥杂咏》云："清晨市肆闹喧哗，润肺生津味亦赊。一碗琼浆真适口，香甜莫比杏仁茶。"杏仁富含硒、锌、胡萝卜素、维生素**C**、**E**等，具有镇咳化痰、理肺润肺、祛除风寒、生精益气、养肝明目、通利血脉等功效，可用于美容润肤，也可用于身面疣、头面风、冠心病、动脉粥样硬化等症。

麻腐

　　芝麻略炒，微香。磨烂，加水，生绢滤过，去渣。取汁煮熟，入白糖，热饮为佳。或不用糖，用少水凝作腐①，或煎或入汤，供素馔②。

【注释】

　①凝作腐：凝固成豆腐的形状。

　②素馔（zhuàn）：素食。馔，饮食，吃喝，食用。

【译文】

　　把芝麻略微炒一下，直到散发出轻淡香味。然后把芝麻研磨成粉末，加进水，用生绢过滤一下，去掉渣子。把过滤下来的水汁煮熟，放入白糖，趁热喝最好。也可以不用加白糖，而是少放一点水，把水汁凝结成豆腐一样，或者煎炒或者煮汤，可作素菜食用。

酒

　　《饮膳》标题云：酒之清者曰"酿"，浊者曰"盎"，厚曰"醇"，薄曰"醨"，重酿曰"酎"，一宿曰"醴"，美曰"醑"，未榨曰"醅"，红曰"醍"，绿曰"醽"，白曰"醝"①。

　　又《说文》②：酴，酒母也③；醴，甘酒一宿熟也；醪，汁滓酒也④；酎，三重酒也；醨，薄酒也；醋，茜缩酒、醇酒也⑤。

　　又《说文》：酒白谓之"酦"⑥。酦者，坏饭也，老也。饭老即坏，不坏即酒不甜。又曰：投者⑦，再酿也。《齐民要术》"桑落酒"有六七投者⑧。酒以投多为善。酿而后坏则甜，未酿先坏则酸，酿力到而饭舒徐以坏则不甜而妙。

【注释】

　　①"《饮膳》标题云"以下数句：语出明代李时珍《本草纲目·谷部·酒》。原文记载："许氏《说文》云：'酒，就也。所以就人之善恶也。'一说：酒字篆文，象酒在卣（yǒu）中之状。《饮膳》标题云：'酒之清者曰……。'"酿，利用发酵作用造酒，这里指清酒，也泛指酒类。盎（àng），同"醠"，浊酒。醇（chún），酒味厚。醨（lí），味不浓烈的酒、薄酒。酎（zhòu），经过两次或多次重（chóng）酿的酒。醴（lǐ），甜酒。醑（xǔ），美酒。醋，古代指用器物漉酒，去糟取清。醅（pēi），没滤过的酒，未滤去糟的酒。醍（tǐ），较清的浅红色酒。醽（líng），绿色的酒。醝（cuō），白酒。

制酒工艺图

②《说文》：指东汉许慎所撰的《说文解字》。

③酴（tú），酒母也：酒母，酒曲。

④醪（láo），汁滓酒也：一种汁滓混合的浊酒，即酒酿。

⑤茜（sù）：本指以酒灌注茅束而祭神，后指滤酒使变清。古书多假"缩"为"茜"。

⑥酸（sōu）：白酒，也指两次酿的酒。

⑦投：当作"酘（dòu）"。酘，酒再酿。

⑧有六七投者：六七投的说法有误，《齐民要术》"作桑落酒法"记载为"限三酘便止"。

【译文】

《饮膳》的标题说明，清醇的酒叫"酿"，不清泛浑的酒叫"盎"，酒味纯厚的酒叫"醇"，味道不浓的酒叫"醨"，经过两三次重酿的酒叫"酎"，过一夜而制成的甜酒叫"醴"，经过沉淀过滤的美酒叫"醑"，没过滤的酒叫"醅"，红颜色的酒叫"醍"，绿颜色的酒叫"醽"，白颜色的酒叫"醆"。

《说文解字》也记载说，酴，指的是酒母；醴，是指过一夜而制成的甜酒；醪，指的是酒滓；酎音宙，是指经过三次重酿的酒；醨，指的是味道不浓的薄酒；醑，指的是漉去糟的酒，也叫茜缩酒、醇酒。

《说文解字》还记载说，酸，指的是白酒。所谓"餿"，就是变质的食物，存放时间过久的食物。饭存放时间久了就会变质，不变质，则酿出来的就没有甜味。又说，"投"，指的是再酿。《齐民要术》"桑落酒"记载有再酿六七次的。酿酒以重酿多次的为好。粮食发酵而后变质，则酒味甜；未经发酵而先变质，则酒味酸；发酵过程中粮食逐渐变质，则酒不甜却也别有味道。

酒酸

用赤小豆一升，炒焦，袋盛，入酒坛，则转正味。

北酒：沧、易、潞酒皆为上品^①，而沧酒尤美。

南酒：江北则称高邮五加皮酒及木瓜酒，而木瓜酒为良。江南则镇江百花酒为上，无锡陈者亦好，苏州状元红品最下。扬州陈苦醉亦可，总不如家制三白酒^②，愈陈愈好。南浔竹叶青亦为妙品^③。此外，尚有瓮头春、琥珀光、香雪酒、花露白、妃醉、蜜淋漓等名^④，俱用火酒促脚^⑤，非常饮物也。

【注释】

①沧、易、潞：沧，古代沧州，治今河北沧州。易，古代易州，治今河北保定易县。潞，古代潞州，治今山西长治。

②三白酒：浙江乌镇特产。

③南浔（xún）：历史古镇，隶属浙江湖州，地处太湖流域和杭嘉湖平原。

④淋漓：或指林檎（qín），我国古代"苹果"之谓，亦作"林禽"，又名花红、沙果，也称之为"柰"、"来檎"等，因其味道甘美，能招很多飞禽来林中栖落，所以叫林檎。可生津止渴，清热除烦。我国西北部地区是世界苹果重要发源地之一，栽培历史已达两千多年，世界园艺学上称其为"中国苹果"。又，在潮汕语中，"林檎"专指"番荔枝"，而"花红"则指上文的"林檎"。

⑤火酒：即烧酒。脚：剩下的废料、渣滓。

【译文】

把一升赤小豆炒到焦干，用袋子装起来，放到酒坛里，则酒味会变得纯正地道。

北方的酒：沧州、易州、潞州的酒都算得上是上品，尤其是沧州的酒，更是醇美。

南方的酒：江北地区的要属江苏高邮的五加皮酒和木瓜酒，其中木瓜酒更好一些。江南地区的要属镇江的百花酒为好，无锡的陈年老酿也不错，苏州的状元红品质最差。扬州的陈年苦酵也挺好，但总不如家庭作坊酿造的三白酒，越是陈酒，就越是味道好。南浔的竹叶青也称得上是好酒。此外，还有瓮头春、琥珀光、香雪酒、花露白、妃醉、蜜淋漓等不同名称，都是用烧酒作酒脚，不是寻常的饮用之物。

【点评】

三白酒，别名杜搭酒。《乌青镇志》记载："以白米、白面、白水成之，故有是名。"三白酒醇厚清纯、香甜可口，男女老少皆宜饮用。陈酒味醇，新酒味烈，有益脾胃、调气养颜、壮精神、舒经活络等功效，然多饮使人燥渴。明代谢肇淛《五杂俎·物部三》记载："江南之三白，不胫而走半九州矣，然吴兴造者，胜于金昌。"清代梁绍壬《两般秋雨盦随笔·品酒》记载："其中矫矫独出者，则有松江之三白，色微黄极清，香沁肌骨，惟稍烈耳。"

饭之属

论米谷

食以养阴。米谷得阳气而生，补气正以养血也。

凡物久食生厌，惟米谷禀天地中和之气①，淡而不厌，甘而非甜，为养生之本。故圣人"食不厌精"②。夫粒食为人生不容已之事③，苟遇凶荒贫乏，无可如何耳④；每见素封者仓廪充积而自甘粗粝⑤，砂砾、粃糠杂以稗谷都不拣去⑥。力能洁净而乃以肠胃为砥石⑦，可怪也。古人以食为命，彼岂以命为食耶？略省势利奔竞之费⑧，以从事于精凿⑨，此谓知本。

谷皮及芒最磨肠胃。小儿肠胃柔脆，尤宜捡净。

【注释】

①禀天地中和之气：秉承天地间的元气。禀，承受，生成的。中和之气，指元气。

②食不厌精：粮食舂得越精越好。语出《论语·乡党》："食不厌精，脍不厌细。"厌，同"餍"，满足的意思。

③不容已：不允许作罢。

④无可如何耳：没有什么办法。

⑤素封：没有官爵封邑而富比封君的人。仓廪（lǐn）：储藏米谷之所。谷藏曰仓，米藏曰廪。粗粝（lì）：糙米。粝，粗糙的米。

⑥砂砾（shā lì）：细碎的小石子。砂，细碎的石粒。砾，小石、碎石。粃（bǐ）糠（kāng）：瘪谷和米糠。

蒸饭图

⑦砥（dǐ）石：磨石。

⑧势利：指权势和财利。奔竞：指奔走竞争，多指对名利的追求。

⑨精凿：指舂去谷物的皮壳，也指舂过的净米。近代章炳麟《菌说》记载："既舂之米，谓之精凿；未舂之米，谓之粗粝。"

【译文】

谷物食品能够滋阴。稻米禾谷得到阳气才能生长，有利于滋补元气、濡养气血。

大多食物吃得久了就会厌食，只是稻米禾谷禀承天地之间的元气，味道虽然轻淡而不会令人厌食，味道甘美却不甜腻，是我们养生的根本所在。所以，孔子提倡"食不厌精"。以谷物为食是人们生存不能作罢的，假使遭遇了凶年饥荒生活贫困，那是没有办法的事；常常看到那些虽然没有官爵封邑，却富比封君的人，米谷储满了粮仓却自甘食用粗糙的米，碎石子、瘪谷、米糠、稗谷等都不拣干净。能够拣干净米谷中的杂质，却宁愿把自己的肠胃当成磨刀石，令人奇怪啊。古人以食为命，而他们难道不是以命为食吗？节省下名利场上奔波忙碌的费用，把饭菜做得精致些，这才算得上是没忘记养生的根本。

稻米禾谷的麸皮和芒刺最能磨损肠胃。小孩子的肠胃柔软脆弱，更需要把其中的杂质拣干净。

蒸饭

北方捞饭去汁而味淡①，南方煮饭味足，但汤水、火候难得恰好。非馈则太硬②，亦难适口，惟蒸饭最适中。

【注释】

①捞饭：北方地区一种主食。做捞饭时，先将米放在锅中煮到七八成熟，然后用密的漏勺捞出，放入甑（zèng）子中蒸熟。煮饭时留下的即为米汤，可以用来拌菜，也可以直接喝。

②饐（yì）：（食物）腐败发臭，这里指饭太黏。

【译文】

北方地区的捞饭，去掉了米汤，味道变淡了；南方地区的煮饭，味道足，但米汤、火候都难得恰到好处。不是太黏就是太硬，也很难合乎口味，只有蒸饭最为适中。

粉之属

粳米粉

白米磨细①。为主②，可炊松糕③，炙燥糕。

【注释】

①白米：指粳（jīng）米。

②为主：作为烹饪的主要原材料。

③炊：烧火做饭，这里指蒸制。

【译文】

把粳米磨成细粉。以白米粉为主要原料，可做蒸松糕，也可做烤糕。

糯米粉

磨、罗并细。为主，可饼、可炸、可糁食①。

稻粳籼

黍

【注释】

①糁（sǎn）：米粒、饭粒，常指以米和羹。

【译文】

把糯米磨成粉，用罗筛得极细。以糯米粉为主要原料，可做成饼，可做成油炸食物，也可做成羹。

水米粉

如磨豆腐法，带水磨细。为元宵圆①，尤佳。

【注释】

①为元宵圆：做元宵节食用的汤圆。正月十五上元节，一般有南吃汤圆北食元宵的习俗。

【译文】

像磨豆腐那样，和着水研磨成细米粉。用来制作元宵节的元宵、汤圆，尤其不错。

碓粉

石柏杵极细①。制糕软燥皆宜。意致与磨粉不同②。

【注释】

①石柏杵（jiù chǔ）极细：把米放入石臼中用杵捣成极细的粉。柏，当作"臼"。杵，春米或捶衣的木棒，与木石做成的捣米器具"碓（duì）"相似，这里指用杵捣、捶。

②意致：意趣，情致，风致。这里指风味，味道。

【译文】

把米放入石臼中，用杵捣成极细的粉。用来制作糕点，软的、干的都可以。风味与磨粉不大一样。

黄米粉

冬老米磨，入八珍糕或糖和皆可。

【译文】

把过了冬的陈米磨成粉，与八珍糕或白糖和起来食用都可以。

【点评】

黄米粉是谷类与豆类的混合食品，主要原料是糯米与黄豆，也可以适量加放芝麻、黑豆、玉米等，分别炒熟后共同研磨成粉。因其色黄，主料为糯米，呈粉末状，所以称为"黄米粉"。食用时，加糖或八珍糕，用滚烫开水冲调即可，味道香甜。黄米粉不仅可供充饥食用，更是强身佳品，具有滋补健体的功效。人体必需的赖氨酸、色氨酸、苯丙氨酸、蛋氨酸等八种氨基酸，不能由体内合成，而只能由食物中蛋白质供给。谷类蛋白富含色氨酸，但所含赖氨酸少；豆类含赖氨酸丰富，但色氨酸含量偏少，黄米粉将谷类与豆类混合食用，提高了食物的营养价值。

藕粉

老藕切段①，浸水。用磨一片，架缸上，将藕就磨磨擦，淋浆入缸。绢袋绞滤，澄去水，晒干。每藕二十斤，可成一斤。

藕节粉②，血症人服之③，尤妙。

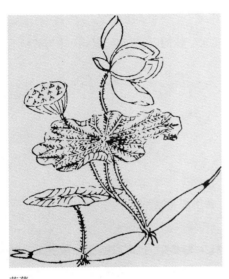

莲藕

【注释】

①老藕：指存放了一段时间的藕，与新鲜的莲藕相对而言。

②藕节：藕的两段相接处，色黑，有须根，可入药。

③血症：病名。症病之一。清代沈金鳌《杂病源流犀烛·积聚症瘕痃癖痞源流》："其有脏腑虚弱，寒热失节，或风冷内停，饮食不化，周身运行之血气适与相值，结而生块，或因跌仆，或因闪挫，气凝而血亦随结，经络壅瘀，血自不散成块，心腹肢胁间苦痛，渐至羸瘦，妨于饮食，此之谓血症。"

【译文】

老藕切成段，用水浸泡着。在缸上架一盘石磨，把藕在石磨上不断磨擦，藕浆就淋到缸里了。把藕浆装入绢袋，把水滤去，晒干。每二十斤老藕，可以做成一斤藕粉。

藕节粉，血症患者服用，尤其不错。

【点评】

藕节中含天门冬素、鞣质等，和藕在性味、功用上大致相似，但藕节又侧重止血功效，具有较高的药用价值，可以缩短出血时间，有止血散淤之效。明代李时珍《本草纲目》记载，藕节"能止咳血、唾血、血淋、溺血、下血、血痢、血崩"，清代赵学敏《本草纲目拾遗》记载，藕节粉"开膈，补腰肾，和血脉，散瘀血，生新血；产后及吐血者食之尤佳"。

鸡豆粉

新鸡豆①，晒干，捣去壳，磨粉。作糕，佳。或作粥。

【注释】

①鸡豆：即鹰嘴豆。

【译文】

新收的鸡豆，晒干，把壳捣掉，研磨成粉。用来制作糕，很不错。也可以用来熬粥。

【点评】

鸡豆属于高营养豆类植物，富含多种植物蛋白和多种氨基酸、维生素、粗纤维及钙、镁、铁等成分，还含腺嘌呤、胆碱、肌醇、淀粉、蔗糖、葡萄糖等，所含营养成分非常丰富，无论是从种类，还是数量上，都大大超过其他豆类，有"豆中之王"的美誉。鸡豆粉加上奶粉制成豆乳粉，不仅易于吸收消化，而且具有较高的医用保健价值，具有利尿、摧奶等功效，可用于治疗失眠，预防皮肤病和防治胆病等，对儿童智力发育、骨骼生长以及中老年人强身健体都有不可低估的作用。

栗子粉

山栗切片①，晒干，磨粉。可糕可粥。

【注释】

①山栗：栗的一种，别名木栗、大栗，子实较板栗稍小。

【译文】

把山栗切成片，晒干，然后研磨成粉。可以用来制作糕，也可以用来熬粥。

【点评】

明代李时珍《本草纲目·果·栗》记载，山栗味咸性温，可用于腰脚无力、鼻血不止、小儿口疮、刀斧伤等症。山栗营养丰富，老少皆宜，为人所爱，古人也多有吟咏。宋代苏辙有《将移绩溪令》诗云："山栗似拳应自饱，蜂糖如土不须悭。"欧阳修则有《新营小斋凿地炉辄成》诗云："晨灰煖余杯，夜火爆山栗。"

菱角粉

去皮，捣滤成粉。

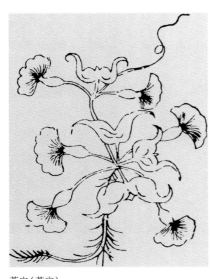

菱实（芰实）

【译文】

把菱角的皮去掉，捣碎、过滤掉杂质，制成粉。

【点评】

菱角又名水栗、菱实，一年生草本水生植物菱的果实。菱角皮脆肉美，可以蒸食，也可以熬粥。味甘性凉，入脾、胃经，含有丰富的蛋白质、不饱和脂肪酸及多种维生素和微量元素，具有补中延年、健脾和胃、利尿通乳、生津止渴、润肤秀发、消暑解热等功效，可用于脾虚食少、乏力、恶心、失眠、癌症等症。但不宜多食，特别是脾胃虚寒、便溏腹泻、肾阳不足者尽量不要食用。如果食菱过多，则损伤脾胃，出现腹胀泄泻等症，服用小杯暖姜酒即可消解。

松柏粉

带露取嫩叶。捣汁，澄粉。绿香可爱。

【译文】

带着露水采摘鲜嫩的松柏叶。捣成汁，澄成粉。色泽鲜绿、清香怡人，让人喜爱。

【点评】

这里介绍松柏粉的制作方法，特别强调所取松柏嫩叶要带着露水，具有一定科学性。过去人们认为，露水具有甘凉润燥、涤暑除烦等功效，可供饮食。南宋贾铭《饮食须知》记载：

"（露水）味甘，性凉，百花草上露皆堪用。秋露取之造酒，名秋露白，香冽最佳。凌霄花上露入目损明。"清代王士雄《随息居饮食谱》记载："稻头上露，养胃生津；菖蒲上露，清心明目；韭叶上露，凉血止噎；荷花上露，清暑怡神；菊花上露，养血息风。"说明了不同露水的性能各异。一般地，露水有秋前秋后之分，两者相比，秋后之露比秋前之露要好一些。

山药粉

鲜者捣，干者磨。可糕可粥，亦可入肉馔。

【译文】

鲜山药，要捣碎使用；干山药，要研磨成粉使用。可以用来制作糕，可以用来熬粥，也可以放到肉菜里。

【点评】

山药，原名薯蓣，别名薯芋、薯药、延章、玉延等。明代李时珍《本草纲目》记载，人们先为避唐代宗李豫名讳而改薯蓣为薯药，后又为避宋英宗赵曙名讳而改薯药为山药。鲜山药与干山药成分一样，作用也是一样的，味甘性平，入肺、脾、肾经，含有丰富的淀粉、蛋白质以及胆碱、粘液质等营养成分，被人们誉为"补虚佳品"，具有健脾益肺、补肾固精、养阴生津等功效，质润兼涩、补而不腻，可用于脾虚泄泻、食少倦怠、虚劳羸瘦、体弱乏力、肺虚咳喘、气短自汗、肾虚遗精、小便频数、腰膝酸软、眩晕耳鸣、带下、消渴等症。食用山药也需有所注意，山药恶甘遂、大戟，不可与碱性药物同服；湿盛中满或有实邪、积滞者慎服。

山药（薯蓣）

蕨粉

作饼饵食①，甚妙。有治成货者②。

【注释】

①饵：糕饼。

②货：作动词用，货殖，货卖，指出售、卖。

【译文】

用蕨粉做成糕饼食用，很是美妙。市场上有做好出售的。

【点评】

蕨粉是由蕨类植物蕨的根茎所含淀粉经加工而得。蕨粉也叫山粉、芽粉，呈白色。明代李时珍《本草纲目》记载："其根紫色，皮内有白粉，捣烂，再三洗澄，取粉作粔籹，荡皮作线食之，色淡紫而甚滑美也。"蕨粉可制粉条、粉皮，配制糕饼点心，也能代替豆粉、藕粉，营养价值十分丰富。古代灾荒之年，蕨粉则成了救荒食物，明代诗人黄裳有《采蕨》诗云："皇天养民山有蕨，蕨根有粉民争掘。朝掘暮掘山欲崩，救死岂知筋力竭。明朝重担向溪浒，濯彼清冷去泥土，夫春如滤呼儿炊，饥腹虽充不胜苦。"蕨粉系民间常用药物之一，具有清热、利湿、益气、安神等功效，可用于泄痢腹痛、口腔溃疡、头昏失眠、湿热黄疸、高血压、乳腺炎、风湿性关节炎、营养不良性浮肿等症。

煮面

面不宜生水过①。用滚汤温过，妙。冷淘，脆烂。

【注释】

①过：经过某种处理方法。

【译文】

　　煮面时,不能把面直接下到冷水里。要等锅里的水开了,然后再下面才好。面条经过冷水,面质就会变脆,容易煮烂煮糊。

面毒

　　用黑豆汁和面①,再无面毒②。

【注释】

　　①黑豆:豆科植物大豆的黑色种子,又名乌豆、橹豆、枝仔豆、黑大豆,有青仁黑豆、黄仁黑豆等不同种类。

　　②面毒:面食性热,多食伤身。

【译文】

　　用黑豆汁和面,面毒就再也没有了。

【点评】

　　黑豆味甘、性平,入脾、肾经,富含蛋白质、脂肪、维生素、微量元素等多种营养成分,以及黑豆色素、黑豆多糖、异黄酮等多种生物活性物质,具有补肾益阴、健脾利湿、除热解毒等功效。明代李时珍《本草纲目》记载:"又按古方,称大豆解百药毒,予每试之,大不然,又加甘草,其验乃奇,如此之事,不可不知。"

粥之属

煮粥

　　凡煮粥,用井水则香,用河水则淡而无味。然河水久宿煮粥,亦佳。

井水经暴雨过，亦淡。

【译文】

但凡煮粥，用井水煮，则味道喷香；用河水煮，则淡然无味。然而，把河水停放几夜之后，再用来煮粥，味道也会很好。井水经过暴雨侵过之后，再用来煮粥，味道也会变淡。

神仙粥 治感冒伤风初起等症

糯米半合①，生姜五大片，河水二碗，入砂锅煮二滚，加入带须葱头七八个，煮至米烂。入醋半小钟，乘热吃。或只吃粥汤，亦效。米以补之，葱以散之，醋以收之，三合甚妙。

【注释】

①合（gě）：量词。一升的十分之一。

【译文】

半合糯米，五大片生姜，两碗河水，放到砂锅里煮，等水滚开两次之后，取七八个带须的葱白放进去，一直煮到米烂为止。然后放进半盅食醋，趁热吃。有人只喝米汤，也可以起到治疗感冒伤风的功效。用糯米健胃补气，用葱白发汗散寒，用醋收敛解毒，三者共同作用，治疗效果甚好。

【点评】

糯米含有蛋白质、脂肪、糖类、钙、磷、铁等成分，营养丰富，为温补强壮食品，具有补中益气、健脾养胃、扶正祛邪、助药力、止虚汗等功效；葱白味辛性温，有解表散寒、祛风发汗、解毒消肿等功效；醋味酸苦性温，具有收敛、解毒作用，能够缓解因感冒导致的咽喉肿痛不能出声的症状，三者相合，对于治疗感冒，效果良好，有如神助，所以称这种粥为"神仙粥"。

胡麻粥

胡麻去皮蒸熟，更炒令香。每研烂二合，同米三合煮粥。胡麻皮肉俱黑者更妙，乌须发、明目、补肾，仙家美膳。

【译文】

胡麻籽去了皮蒸熟，再炒一炒，使胡麻籽的味道更香。研磨好的胡麻籽粉，每两合放三合米一起煮成粥。皮和肉都是黑色的胡麻籽更是神奇，有秀发、明目、补肾的功效，称得上是神仙美食。

【点评】

胡麻即亚麻，是重要的纤维、油料和药用植物。亚麻籽可用于榨亚麻仁油，也用作印刷墨、润滑剂、药用或食用。亚麻籽味甘性平，无毒，有润养五脏、滋实肺气、利大小肠、驱逐湿气、增气力、长肌肉、耐寒暑、止心惊等功效，可用于伤中虚亏、游风、头风、产后体虚等症。将它研成细末涂抹在头发上，有助于头发生长。

胡麻

薏苡粥

薏米虽舂白[1]，而中心有坳[2]，坳内糙皮如梗，多耗气。法当和水同磨，如磨豆腐法，用布滤过，以配芡粉、山药乃佳[3]。薏米治净，停对白米煮粥[4]。

【注释】

①舂（chōng）：把东西放在石臼或乳钵里捣掉皮壳或捣碎。

②坳（ào）：本指山间的平地，这里指薏米上面小而浅的凹陷部分。

③芡（qiàn）粉：芡实的粉。芡实，也称"鸡头米"，呈白色，形状如鱼目。味甘、涩，性平，无毒，有补中益气、收敛固精、开胃补肾、提神强志等功效。

④停对：各半，对半。停，成数。总数分成几部分，其中一部分叫一停。对，平分，一半。白米：指粳（jīng）米。

【译文】

薏米舂好之后，虽然很是白净，但中心有坳，坳内麸皮如同粳刺那样粗糙，吃多了就会损耗人体中气。应当和水研磨，就好像磨豆腐一样，然后用布过滤杂质，配上芡实粉、山药一起研磨才好。薏米淘洗干净之后，与粳米各半一起煮粥。

【点评】

薏米，灰白色，像珍珠，又称薏仁米、薏苡仁、苡米、苡仁、珍珠米等。薏米味甘性凉，富含蛋白质，有健脾、补肺、清热、利湿等功效，可供食用或药用。明代李时珍《本草纲目》记载，薏米"健脾益胃，补肺清热，去风胜湿。炊饭食，治冷气。煎饮，利小便热淋。"薏仁有利水消肿、健脾去湿、舒筋除痹、清热排脓等功效。薏仁中含有丰富的蛋白质分解酵素，能使皮肤角质软化，对皮肤赘疣、粗糙不光滑有一定疗效。薏米还具有营养头发、防止脱发，淡化黑色素并使头发光滑柔软的作用。薏仁以水煮软或炒熟，比较有利于肠胃的吸收，冬天用薏米炖猪脚、排骨和鸡，是一种滋补食品。夏天用薏米煮粥或作冷饮冰薏米，又是很好的消暑健身的清补剂。但身体虚弱者慎用。

薏苡

山药粥 补下元①

怀山药为末②，四六分配米煮粥。

【注释】

①下元：中医指"肾气"，即下焦的元气。元气发源于肾（包括命门），藏之于丹田（下气海穴处），借三焦之道通达周身。元气为人体生命活动的原动力，依靠先天精气的充养，也靠后天水谷精微的濡养。

②怀山药：山药以古怀庆府（治今河南焦作）所产最为地道，故名。又名"怀山"。

【译文】

把怀山药研磨为粉末，煮粥时，与大米按四比六的比例配量。

芡实粥 益精气、广智力、聪耳目

芡实，去壳。新者研膏，陈者磨粉，对米煮粥。

【译文】

取来芡实，先把壳去掉。新芡实研磨成膏，老芡实研磨成粉，与大米按对半的比例配好量，然后煮粥。

肉粥

白米煮成半饭①，碎切熟肉如豆，加笋丝、香蕈、松仁②，入提清美汁③，煮熟。咸菜采啖④，佳。

芡实

【注释】

①半饭：半熟的米饭。

②香蕈（xùn）：即香菇。富含维生素B群、铁、钾、维生素D原，味甘、性平，在民间素有"山珍"、"植物皇后"美誉，有治疗益气不饥、食欲减退、少气乏力等功效。

③提清美汁：提炼出的美味清汤。清，指清汤，与毛汤、奶汤一起同属于高汤。

④咸菜采啖：采摘咸菜的嫩心就着肉粥吃。咸菜，腌制的大白菜，其心最鲜嫩。

【译文】

把粳米煮成半熟的米饭，把熟肉切碎成豆粒大小，然后加上笋丝、香菇、松仁，放进提炼出的美味清汤里煮熟。就着咸菜喝粥，味道美妙。

羊肉粥 治嬴弱壮阳①

蒸烂羊肉四两，细切，加入人参、白茯苓各一钱、黄芪五分②，俱为细末，大枣二枚，细切，去核，粳米三合，飞盐二分，煮熟。

【注释】

①治嬴（léi）弱壮阳：治疗瘦弱，温壮肾阳。嬴弱，身体瘦弱。壮阳，中医学名词，指通过气功、饮食、药物、针灸、按摩、运动等手段提高男子阳性气息。

②茯苓（fú líng）：俗称云苓、松苓、茯灵。药性平和，利湿而不伤正气，具有利水渗湿、健脾化痰、宁心安神、败毒抗癌等功效，可用于增强免疫力、抗肿瘤、降血糖、松弛消化道平滑肌、抑制胃酸分泌、防止肝细胞坏死等。古人称之为"四时神药"，不分四季，不管寒、温、风、湿诸疾，其独特功效的发挥都不受影响。黄芪（qí）：中药材，具有补气固表、利水退肿、托毒排脓、生肌等功效。但表实邪盛、气滞湿阻、食积停滞、痈疽初起或溃后热毒尚盛等实证不宜食用，阴虚阳亢者也须禁服。

【译文】

　　蒸得烂透的羊肉四两，切得细碎。然后加入人参、白茯苓各一钱，加入黄芪五分，都要研磨成细末，还要加入大枣两粒，同样切得细碎，去掉核，再加入粳米三合、飞盐二分，煮熟。

【点评】

　　羊肉粥有益气血、补虚损、散风寒、增食欲、暖脾胃、温壮肾阳等功效，适用于命门火衰，精气虚耗而见阳痿、滑精、小便频数、腰膝冷痛、脉象沉微等症，对脾胃虚寒、冬天手脚不温者特别有益。

饵之属

顶酥饼

　　生面，水七分、油三分和稍硬，是为外层硬则入炉时皮能顶起一层，过软则粘不发松。生面每斤入糖四两，纯油和，不用水，是为内层。扞须开折①，须多遍，则层多。中层裹馅。

【注释】

　　①扞（gǎn）：同"擀"，用棍棒碾轧，使物舒展。

【译文】

　　用生面，七分水、三分油，把生面和得稍稍硬一点，这用来作饼的外层用稍硬一点的面做饼的外层，入炉烘烤之后，饼面上就能形成一层酥皮，如果面太软，就会粘在炉壁上，无法发蓬松起来。每斤生面放入四两糖，和面时，全部用油不用水，这用来作饼的内层。擀面时，一定要把面饼不断对折来回擀轧多次，那样的话，饼的内里才会形成许多层，层层相叠。饼的中间包进馅料。

雪花酥饼

与"顶酥"面同①。皮三瓤七则极酥。入炉,候边干定为度,否则皮裂。

【注释】

①"顶酥"面:指制作"顶酥饼"的面。

【译文】

做雪花酥饼用面的方法与做"顶酥饼"用面的方法一样。酥饼的外层和内层用面量之比为三比七,则饼就能做得非常酥。生的饼片放进炉子后,等饼子的四边被烘干,就可以算熟了,要不然饼的外层就会裂开。

蒸酥饼

笼内着纸一层,铺面四指,横顺开道,蒸一二炷香①,再蒸更妙。取出,趁热用手搓开,细罗罗过,晾冷,勿令久阴湿。候干,每斤入净糖四两,脂油四两②,蒸过干粉三两,搅匀,加温水和剂,包馅,模饼③。

【注释】

①一二炷香:指烧一两炷香的时间。常说的一炷香时间,大约半个时辰,即一个小时。

②脂油:由压榨动物脂而得到的动物油,这里指用猪板油熬成的优质猪油。

③模饼:用模子压制成饼。模,指用模子压印。

【译文】

在蒸笼内放上一层纸,铺上约四指厚的面粉,在面粉上面横着竖着划上一些道道,蒸一两炷香的时间就可以了,如果再蒸一会,更好。蒸后把面粉取出来,趁热用手把面粉搓开,用细的筛罗筛一筛,然后晾凉,不要让面粉长时间处于阴湿状态。等面粉干后,每斤生面放入干净白糖四两、优质猪油四两、蒸过的干粉三两，一起搅匀，放入温水和成面剂子，然后包馅，用模子压印成饼。

薄脆饼

蒸面，每斤入糖四两、油五两，加水和，扞开，半指厚。取圆[1]，粘芝麻，入炉。

【注释】

①取圆：制成圆形面饼。

【译文】

把面粉蒸熟，每一斤面粉放四两糖、五两油，加水和匀，擀成半指厚。做成圆形的面饼，表面撒上芝麻，放进炉子里烘烤。

清代木雕"三星在户"糕饼模

裹馅饼 即千层饼也

面与顶酥瓤同[1]。内包白糖，外粘芝麻。入炉，要见火色[2]。

【注释】

①顶酥瓤：指做"顶酥饼"内瓤的面。

②要见火色：重要的是观察火候。要，要诀。火色，方言用语，指火候。

【译文】

和裹馅饼用面的做法与和"顶酥饼"内层的用面的做法一样。面里包裹白糖，外面撒上

57

卷上 饵之属

芝麻。放进炉子里烘烤，要诀是注意观察火候。

炉饼

　　蒸面，用蜜、油停对和匀，入模。蜜四油六则太酥，蜜六油四则太甜，故取平①。

【注释】

　　①取平：用等量的蜜和油。

【译文】

　　蒸熟的面，用蜂蜜和油各一半，和匀，放进印模。如果用蜜四成用油六成，则饼子就酥过头了；如果用蜜六成用油四成，则饼子会太过甜腻，所以蜜、油的量要对等。

玉露霜

　　天花粉四两①，干葛一两②，橘梗一两③俱为面，豆粉十两④，四味搅匀。干薄荷用水洒润，放开，收水迹，铺锡盂底⑤，隔以细绢，置粉于上。再隔绢一层，又加薄荷。盖好，封固。重汤煮透⑥，取出，冷定。隔一二日取出，加白糖八两和匀，印模⑦。

　　一方⑧：止用菉豆粉⑨、薄荷，内加白檀末⑩。

【注释】

　　①天花粉：葫芦科植物栝（guā）蒌的根，可供煮粥、制作糕点使用，也可入药。

　　②干葛：豆科多年生藤本落叶植物葛的干燥块根。干葛别名干葛根、甘葛、粉葛等。

　　③橘梗（jié gěng）：橘梗属多年生草本植物，可作观赏花卉，其根可入药。

　　④十两：约合今制七两。古时以十六两为一斤。

⑤盂(yú)：一种盛液体的器皿。

⑥重汤：指隔水蒸煮的烹饪之法。也就是将欲蒸食物，放于器皿中，置于锅内，加水，使水绕于器皿之外而不漫入其内，加热，凭热传递而把食物煮熟。

⑦印模：用模子压制成饼。印，用模子压印、压制。

⑧一方：指制做"玉露霜"的又一种方法。

⑨菉豆：即绿豆。

⑩白檀：白檀的根、叶、花或种子，别名山葫芦、灰木、砒霜子、檀花青等。

【译文】

四两天花粉，干葛、橘梗各一两以上都研磨成粉，十两豆粉，四味放到一起搅拌和匀。用水把干薄荷叶润湿，使其舒展开来，收干水分后，铺在锡盂的底部，隔置一层细绢，再把粉放到细绢上。再隔置一层细绢，再放上薄荷叶。盖好盖子，密封结实。用重汤方法煮透，把锡盂取出来，使其冷却下来。间隔一两天后，把粉取出来，加八两白糖和匀，用印模压制成饼。

另一种方法：只用绿豆粉、薄荷，里面放上白檀末。

【点评】

玉露霜以天花粉、干葛、橘梗等为主要原材料制作而成，既可充饥，也可供食疗。天花粉为清热泻火类药物，其具体功效是排脓消肿，可用于热病烦渴、肺热燥咳、内热消渴、疮疡肿毒等症。干葛，明代李时珍《本草纲目》记载，"甘辛，平，无毒"，"散郁火"，有升阳解肌、透疹止泻、除烦止温等功效，可用于伤寒、温热头痛项强、烦热消渴、泄泻、痢疾、癍疹不透、高血压、心绞痛、耳聋等。橘梗味苦辛、性平，入肺经，有宣肺、祛痰、利咽、排脓、利五脏、补气血、补五劳、养气等功效，可用于咳嗽痰多、咽喉肿痛、肺痈吐脓、胸满胁痛、痢疾腹痛、口舌生疮、目赤肿痛、小便癃(lóng)闭等。白檀味辛性温，无毒，具有止心腹痛、杀虫、散冷气等功效，可用于乳腺炎、淋巴腺炎、肠痈、疮疖、疝气、荨麻疹、皮肤瘙痒、霍乱肾气痛、噎膈吐食等症。

内府玫瑰火饼

面一斤、香油四两、白糖四两热水化开和匀，作饼。用制就玫瑰糖^①，加胡桃白仁、榛松瓜子仁、杏仁煮七次，去皮尖、薄荷及小茴香末擦匀作馅^②。两面粘芝麻煤热^③。

【注释】

①制就：制好。就，完成、成功的意思。

②擦匀：疑当作"搅匀"。

③煤（hàn）热：烤熟。煤，烧，烘烤。热，当作"熟"。

【译文】

用一斤面、四两香油、四两白糖用热水化开，和匀，制成饼。用制好的玫瑰糖，加胡桃白仁、榛松瓜子仁、杏仁煮过七次，去除皮尖、薄荷与小茴香末搅拌均匀作馅。两面粘上芝麻，烤熟。

【点评】

内府玫瑰火饼是北京京式四季糕点之一，一般简称"玫瑰火饼"。玫瑰花香味浓郁悠久，做香精、花露以及糕饼，都很相宜，俗谚就说，"玫瑰花香味浓，制作甜羹和月饼"、"玫瑰花香人爱好，巧作玫瑰饼玫瑰糕"。每年农历四月玫瑰花盛开的季节，人们便取用玫瑰花做饼。清末徐珂《清稗类钞》记载："玫瑰花坐馅：去玫瑰花橐蕊并白色者，取纯紫花瓣捣成膏，以白梅水浸少时。研细，细布绞去汁，加白糖，再研极细，瓷器收贮。最香甜。"玫瑰火饼酥皮清脆，口感酥松绵软，玫瑰香味浓郁，是许多人喜欢的甜食点心，对于肺痿、便秘等病人更为合适，但大便稀溏者不宜食用。

松子海啰嘛

糖卤入锅熬一饭顷^①，搅冷。随手下炒面，旋下剁碎松子仁^②，搅匀，拨案上先用酥油抹案。扞开，乘温切象眼块③冷切恐碎。

【注释】

①顷：短时间。

②旋：不久，立刻。

③象眼块：烹饪术语，指切成两头尖、中间宽，类似菱形，似大象眼睛大小的块。其大小也可根据主料、盛器的大小酌情而定。

劳作女泥俑群

【译文】

　　把糖卤放到锅里熬上一顿饭的功夫，然后搅拌一会让糖卤变凉。边搅拌边下炒熟的面粉，立刻再下剁碎的松子仁，搅拌和匀，拨到案板上先用酥油把案板抹一遍。擀开后，趁热切成象眼块等冷了之后再切，担心会切碎。

椒盐饼

　　白糖二斤、香油半斤、盐半两、椒末一两、茴香末一两，和面，为瓤更入芝麻粗屑尤妙。每一饼夹瓤一块，扦薄煿之。

　　又法：汤、油对半和面，作外层，内用瓤。

【译文】

　　白糖两斤、香油半斤、盐半两、椒末一两、茴香末一两，和好面，做好饼瓤再放一点芝麻碎屑，就更加美妙了。每一张饼夹放一块饼瓤，擀薄之后烘烤熟透。

　　又一种方法：和面时，汤、油各半，用来做饼的外层，内层还用上述饼瓤。

晋府千层油旋烙饼 此即虎邱袭衣饼也①

　　白面一斤，白糖二两水化开，入真香油四两，和面作剂。扦开，再入油成剂；扦开，再入油成剂，再扦。如此七次，火上烙之，甚美。

【注释】

　　①虎邱：指苏州虎丘。素有"吴中第一名胜"之称。邱，同"丘"。

【译文】

　　一斤白面，二两白糖用水化开，放入四两味道纯正的香油，和面作成剂子。擀开后，再放香油做成剂子；再擀开，再放香油做成剂子，再擀。如此这般往复七次，放到火上烙制，特别美味可口。

【点评】

这里介绍的实际是酥油饼的做法，以"蓑衣"为名，或许是取其形状如"蓑衣"一般层层叠叠之意。蓑衣饼以苏州虎丘所制最为有名。清代施闰章《学余堂诗集》有《虎丘偶题》诗云："虎丘茶试蓑衣饼，雀舫人争馄饨菱。欲待秋风问鲈鳜，五湖烟月弄渔罾（zēng）。"沈季友《檇（zuì）李诗系》有《虎丘杂咏》诗云："红竹栏干碧幔垂，官窑茗盏泻天池。便应饱吃蓑衣饼，绝胜西山露白梨。"至于蓑衣饼的具体做法，清末徐珂《云尔编》引《元和志》有所记载："蓑衣饼以脂油和面，一饼数层，惟虎丘制之。"相比之下，袁枚《随园食单》介绍更为详细："干面用冷水调，不可多，揉擦薄后，卷拢，再擀薄了，用猪油、白糖铺匀，再卷拢擀成薄饼，用猪油煤黄。如要盐的，用葱椒盐亦可。"

到口酥

酥油十两，化开，倾盆内，入白糖七两，用手擦极匀。白面一斤，和成剂，扞作小薄饼，拖炉微火煤。

或印。或饼上栽松子^①，即名松子饼。

【注释】

①栽：安上，插上。

【译文】

用十两酥油，融化开后，倒入盆里，再放入七两白糖，用手摩搓得极为均匀。再用一斤白面，一起和成剂子，擀成小而薄的饼子，再放到炉子上，用小火烘烤熟透。

或者用印模压制成饼。有的在饼子上面安上松仁，就叫松子饼。

素焦饼

瓜、松、榛杏等仁①，和白面，捣印②，烙饼。

【注释】

①榛（zhēn）杏：一种兼食用果肉和杏仁的杏，因其杏仁可比拟榛子而得名。

②印：用模子压印，压制。

【译文】

用瓜子仁、松仁、榛杏仁等和白面，捣碎成泥，然后放到印模中压制好，烙熟成饼。

【点评】

用瓜子仁、松仁、榛杏仁和面做成的素焦饼，具有较为丰富的营养价值。松仁又名罗松子、海松子、红松果、松子、松元等，松仁富含蛋白质、碳水化合物、油酸和亚油酸等不饱和脂肪酸，以及钙、磷、铁等微量元素，入肝、肺、大肠经，常用于食疗，具有健脑益智、抗衰延寿、滋阴养液、补益气血、润肤美颜、预防心血管疾病、润肠通便等功效。普通杏子的杏仁含有大量有毒、呈苦味的苦杏仁贰，可以入药，但通常不宜食用（经处理后可少量食用）。而榛杏的杏仁几乎不含苦杏仁贰，入口有清香，略带甜味，适合食用，口感良好，营养丰富，含蛋白质、脂肪、碳水化合物、钙、磷、铁、胡萝卜素、抗坏血酸等成分，有润肺、止咳、滑肠之功效，适合干咳无痰、肺虚久咳及便秘等症。

芋饼

生芋捣碎①，和糯米粉为饼，随意用馅。

【注释】

①芋（yù）：芋艿（nǎi），俗称"芋头"。

【译文】

把生芋头捣成碎泥，与糯米粉一起和成饼，可根据个人喜好选用不同的馅心。

【点评】

芋艿的营养价值很高，块茎中的淀粉含量达**70%**，既可以当粮食，又可做蔬菜，是老幼皆宜的滋补品，秋补素食一宝。芋艿还富含蛋白质、钙、磷、铁、钾、镁、钠、胡萝卜素、烟酸、维生素**B1**、维生素**B2**、皂角甙等多种成分。芋艿性甘、辛、平，入肠、胃，具有益胃、宽肠、通便散结、补中益肝肾、添精益髓等功效。对辅助治疗大便干结、甲状腺肿大、瘰疬、乳腺炎、虫咬蜂蜇、肠虫癖块、急性关节炎等病症有一定作用。应注意，不能擦、敷到健康皮肤，否

芋

则会引起皮炎。一旦发生，可有生姜汁轻轻擦洗即可。芋艿食用方法很多，煮、蒸、煨、烤、烧、炒、烩均可。最常见的做法是把芋艿煮熟或蒸熟后蘸糖吃；芋艿烧肉或将芋切成丁块，与玉米掺在一起煮粥。应注意的是，芋艿含较多淀粉，一次不能多食，多食有滞气之弊，生食有微毒。南朝梁陶弘景《本草经集注》记载："生则有毒，簪不可食。"北宋寇宗奭《本草衍义》记载："多食滞气困脾。"

韭饼 荠菜同法

好猪肉细切臊子，油炒半熟或生用，韭生用，亦细切，花椒、砂仁酱拌[①]。扞薄面饼，两合拢边，煿之北人谓之"合子"。

【注释】

①砂仁：又名小豆蔻，可用作香料，菜肴佐料，也常用于面食品调味。中医认为，砂仁主要作用于人体的胃、肾和脾，能够行气调味，和胃醒脾。砂仁与厚朴、枳实、陈皮等配合，能够治疗胸脘胀满、腹胀食少等病症。

【译文】

把质量好的猪肉切细成臊子，把油熬成半熟也可以用生油，再把生韭菜也切成细末，花椒、砂仁用酱拌好。擀好薄面饼，包馅，然后再对折拢边，烤熟北方地区称之为"合子"。

光烧饼 即北方代饭饼

每面一斤，入油半两，炒盐一钱，冷水和，骨鲁槌扞开①。鏊上煿②，待硬，缓火烧热③。极脆美。

【注释】

①骨鲁槌：擀面杖。

②鏊（ào）：一种铁制的烙饼的炊具，平面圆形，中间稍凸。煿（bó）：烘烤。

③热：当作"熟"。

【译文】

每一斤面，放半两油，一钱炒盐，用冷水和好，再用擀面杖擀开。然后把面饼放到鏊上烤，等到饼子变硬了，再用小火烧烤，直到熟透。这样做出来的饼子极为香脆味美。

菉豆糕

菉豆用小磨磨，去皮，凉水过净。蒸熟，加白糖捣匀，切块。

【译文】

用小磨磨绿豆，去掉皮，再用冷水过滤淘洗干净。蒸熟之后，加进白糖，捣碎成泥，和匀，再切成块。

八珍糕

山药、扁豆各一斤，苡仁、莲子、芡实、茯苓、糯米各半斤，白糖一斤。

【译文】

制作八珍糕，需要山药、扁豆各一斤，需要苡仁、莲子、芡实、茯苓、糯米各半斤，还需要一斤白糖。

【点评】

八珍糕我国传统名点之一，有补中益气、开胃健脾、肥儿消疳等功效。八珍一般指茯苓、扁豆、莲子、薏苡、山药、芡实、党参、白术，也有以麦芽、藕粉替代党参、白术的。八珍糕由八珍和着粳米面或糯米面、白糖共研为细粉，蒸制而成。其中，党参具有补中益气、健脾益肺等功效；白术有健脾益气、燥湿利水、止汗安胎等功效；茯苓有健脾补中、宁心安神、利水渗湿等功效，是四君子汤的主要成分之一；扁豆有理中益气、补肾健胃等功效；莲子有健脾补心、益气强志、强筋骨、补虚损、益肠胃等功效；薏苡有健脾开胃、补中去湿等功效；山药有健脾胃、益肺肾、补虚劳、祛风湿等功效；芡实有补脾止泻、养心益肾、补中益气、滋补强壮、和胃理气、开胃进食等功效；麦芽有消食和中、去积除胀等功效；藕粉有养胃滋阴、祛瘀生新、消食健脾、凉血除烦、止呕止泻等功效。

栗糕

栗子风干剥净，捣碎磨粉，加糯米粉三之一，糖和，蒸熟，妙。

【译文】

栗子风干,剥开后处理干净,捣碎,磨成粉,然后加进糯米粉,其用量为栗子粉的三分之一,用糖和,蒸熟,味道很是美妙。

水明角儿

白面一斤,逐渐撒入滚汤,不住手搅成稠糊。划作一二十块,冷水浸至雪白,放稻草上拥出水①。豆粉对配②,作薄皮包馅,蒸,甚妙。

【注释】

①拥出水:把水挤出来、渗出来。

②对配:对半放入。对,本指平均成两份,这里指面粉、豆粉的分量对等、对半。配,本指用适当的标准加以调和,这里指把豆粉放入面粉。

进食图

【译文】

一斤白面,逐渐撒到滚开的水里,不停手地搅拌成黏稠的面糊。将面糊划割成一二十块,用冷水浸泡,直到面糊变得雪白,再放到稻草上,把水挤出来。用等量的豆粉掺到面糊里进行调和,作成薄皮,包好馅,蒸熟,味道美不可言。

【点评】

这里介绍的水明角儿的制作方法,明代高濂《遵生八笺·饮馔服食笺》也有记载:"白面一斤,用滚汤内,逐渐撒下,不住手搅成稠糊。分作一二十块,冷水浸至雪白,放桌上拥出水。入豆粉对配,扞作薄皮,内加糖果为馅,笼蒸食之,妙甚。"据《遵生八笺》、《食宪鸿秘》的记载，"水明角儿"就是一种有馅的烫面蒸饺。而清代童岳荐《调鼎集》提到馄饨有六品，除"汤馄饨"、"蒸馄饨"、"苏州馄饨"等等之外，还有"水明角儿"。古往今来，许多人都把饺子和馄饨弄得混淆不清，然饺子重在吃馅，馄饨重在喝汤，两两却是不能相互替代的。

油馃儿

白面入少油，用水和剂，包馅，作馃儿^①，油煎_{馅同"肉饼"}法。

【注释】

①馃（jiá）：饼。

【译文】

面粉里放入少量的油，用水和成剂子，包上馅，做成馃，用油煎熟油馃馅的做法和"肉饼"馅的做法一样。

面鲊^①

麸切细丝一斤^②，杂果仁细料一升，笋、姜各丝，熟芝麻、花椒二钱，砂仁、茴香末各半钱，盐少许，熟油拌匀。

或入锅炒为齑^③，亦可。

【注释】

①面鲊（zhǎ）：鲊，本指一种用盐和红曲腌的鱼，这里指用面筋等加盐和其他佐料拌制的菜，可以贮存较长时间。

②麸（fū）：麸子，也称"麸皮"，小麦磨面过箩后剩下的皮，这里指面筋。

③齑（jī）：同"齑"，本指捣碎的姜、蒜、韭菜等，这里指把面筋等炒成细碎的菜。

食
宪
鸿
秘

【译文】

一斤切成细丝的面筋，一升杂果仁做成细料，笋、姜各自做成丝，熟芝麻、花椒各二钱，砂仁、茴香末各半钱，少量的盐，用已熬熟的油拌匀。

有人把面筋等材料放到锅里，炒成细碎的菜，也是可以的。

【点评】

"鲊"作为一种食品出现很早，最早是以鱼为原料的。东汉刘熙的《释名》一书中就记有："鲊，菹也，以盐、米酿鱼以为菹，熟而食之也。"北魏贾思勰《齐民要术》记载鲊的做法：鲤鱼切片，撒盐，压去水，摊瓮中，加饭（已拌有茱萸、橘皮与酒）于其上，一层鱼，一层饭，以箸封口。东晋时期，鲊已是一种常见的食品。陶侃年轻时作鱼梁吏，送给母亲一陶罐鲊，母亲把原罐封好交给送来的人退还，同时附了一封信责备他不该假公济私；谢玄也曾把钓到的鱼做成鲊远寄爱妻。到了宋代，食鲊之风最盛，也出现了不以鱼为原料的"黄雀鲊"、"鲜鹅鲊"等。在本书中，用精猪肉、鸡肉、羊肉、蛏子等做成的"鲊"还是古代鱼鲊的延续，同时还出现了面鲊、笋鲊以及以用熟透了的桃子为原料的"鲊"。这后一种则是用米粉、面粉等加盐和其他作料拌制的切碎的菜，主要是为了便于贮存，也别有风味。

面脯①

蒸熟麸，切大片，香料、酒、酱煮透，晾干，油内浮煎。

【注释】

①面脯（fǔ）：面筋干。脯，本指肉干或水果蜜渍后晾干的成品。

【译文】

蒸熟的面筋，切成大一点的片状，用香料、酒、酱一起煮到烂透，取出来晾干，再放到油里浮煎一下。

响面筋

面筋切条，压干，入猪油炸过，再入香油炸。笊起①，椒盐洒拌。入齿有声。不经猪油，不能坚脆也。

制就，入糟油或酒酿浸食②，更佳。

【注释】

①笊（zhào）起：用笊篱将油锅中的面筋捞出来。笊，即笊篱。用竹篾或铁丝、柳条编成蛛网状供捞物沥水的器具。

②糟油：中国传统食品，以糟汁、盐、味精为料，调匀后为咖啡色咸香味。可用来拌食禽、肉、水产类原料。酒酿：为糯米和酒曲酿制而成的酵米，可以单独吃，也可以作调料用。味甘辛，性温，有益气、生津、活血、发痘等功效。

【译文】

面筋切成条，压干水分，先放到猪油里炸，再放进香油里炸。用笊篱把面筋捞出来，洒上花椒末和食盐，拌匀。吃起来酥脆有声。如果不经猪油炸过，面筋就不结实不酥脆。

炸好面筋之后，放到糟油或者酒酿中浸泡，吃起来味道更好。

薰面筋

细麸切方寸块，煮一过，榨干，入甜酱内一二日取出，抹净。用鲜虾煮汤虾多水少为佳。用虾米汤亦妙，加白糖些少，入浸一宿或饭锅顿①，取起，搁干炭火上微烘干，再浸虾汤内，取出再烘干。汤尽，入油略沸，捞起，搁干，薰过收贮②。

虾汤内再加椒、茴末。

食宪鸿秘

新疆吐鲁番出土的饺子、点心

【注释】

①顿：用同"炖"。

②薰：同"熏"。

【译文】

磨细的麸子作成面筋，切成一寸见方的方块，用水煮过后，把里面的水分压干，放到甜酱内一两天，然后取出，并把面筋块上的甜酱抹干净。用鲜虾煮汤虾子多一些，水少一些为好。用虾米煮的汤也不错，加进少许白糖，然后把面筋放入虾汤中浸泡一夜或者用饭锅炖，捞出来，搁到干炭火上用微火烘干，再浸泡到虾汤里，捞出来再烘干。虾汤用干净了后，把面筋放到油里略微炸一下，捞出来，再搁到干炭上用微火烘干，熏过之后就储放起来。

虾汤内再加上些花椒、茴香末也是可以的。

【点评】

在烹饪行业，熏制分为生熏和熟熏两种。生熏是将加工好的原料，用调料浸渍一定时间，放入熏锅里，利用熏料（木屑、茶叶、甘蔗皮、砂糖等）起烟熏制。熟熏的原料绝大部分都是经过蒸、煮、炸等方法处理的熟料。熏制菜肴的特点在于，其色泽美观光亮、且具有熏料的特殊芳香气味。

馅料

核桃肉、白糖对配，或量加蜜或玫瑰、松仁、瓜仁、榛杏。

【译文】

核桃肉、白糖对半放入，或酌量加放蜂蜜，或是加放玫瑰、松仁、瓜仁、榛杏仁也可以。

糖卤 凡制甜食，须用糖卤。内府方也

每白糖一斤，水三碗，熬滚。白绵布滤去尘垢，原汁入锅再煮，手试之，稠粘为度。

【译文】

每一斤白糖，放三碗水，熬得滚开。用白棉布过滤掉灰尘、污垢。将原来的汁液放到锅里再煮，用手试一下，要以又稠又粘作为糖卤的标准。

制酥油法

牛乳入锅熬一二沸，倾盆内冷定，取面上皮。再熬，再冷，可取数次皮。将皮入锅煎化，去粗渣收起，即是酥油。留下乳渣，如压豆腐法压用。

【译文】

把牛乳放到锅里熬滚开一两次，然后倒到盆里，放冷，取牛乳表面的一层皮。再把牛乳放到锅里熬滚开，倒到盆里再放冷，可以多次取用牛乳表皮。然后把这些牛乳表皮放到锅里煎化，去掉粗糙的乳渣后收起来，就是酥油。把乳渣留下来，可以像压制豆腐那样进行压制、食用。

【点评】

酥油古代又称"苏"、"酪苏"、"马思哥油"、"白酥油"等，是从牛奶、羊奶中提炼出的脂肪。关于制酥油的方法，北魏贾思勰《齐民要术》、明代朱权《臞（qú）仙神隐》等书中有更为详细的记载。牛酥油色泽鲜黄，味道香甜，口感极佳，冬季的则呈淡黄色。羊酥油为白

色,光泽、营养价值均不及牛酥油,口感也逊牛酥油一筹。酥油滋润肠胃,和脾温中,含多种维生素,营养价值颇高。唐玄奘《大唐西域记·乌铩国》记载:"断食之体,出定便谢,宜以酥油灌注,令得滋润,然后鼓击,警悟定心。"

　　不同的酥油有不同的功效。黄牛、山羊酥油性微寒,有凉息风热、调理肠胃、润泽肌肤等功效;牦牛、绵羊酥油性微热,有祛风寒、补五脏、益气血等功效,可用于大便干燥、便秘、肺痿咳喘等症。总的来说,酥油能够增加体内的消化和吸收能力,润滑结缔组织,增加灵活性,改善脑部功能和记忆力,并将草药的药性运送到全身的组织内。一般人均可食用,特别适合缺乏维生素A的人和儿童食用,但冠心病、高血压、糖尿病、动脉硬化患者忌食,孕妇和肥胖者应尽量少食或不食。酥油在提炼的过程中已去除了原料的乳蛋白,也是乳糖不耐症者极好的替代乳品。

乳滴 南方呼焦酪

　　牛乳熬一次,用绢布滤冷水盆内。取出再熬,再倾入水,数次,膻气净尽[①]。入锅,加白糖熬热,用匙取乳滴冷水盆内 水另换,任成形象。或加胭脂、栀子各颜色[②],美观。

【注释】

　　①膻(shān)气:指牛乳的气味。膻,繁体为"羶",本义为羊臊气。

　　②胭脂:也作"燕支",一种红色的花,花瓣中含有红、黄两种色素,可用作红色染料。栀(zhī)子:常绿灌木或小乔木,夏季开白花,有浓香。果实卵形,可入药,也可作黄色染料。

【译文】

　　把牛乳熬开一次,用绢布过滤掉杂质,倒到冷水盆里。然后再放到锅里熬煮,再经过滤放到冷水中,如此数次之后,牛乳的腥味就去除干净了。将熬好的牛乳放到锅里,加进白糖熬熟，再用汤匙把牛乳一滴一滴滴到冷水盆里冷水要另外更换过的，任由乳滴成形。也可以加上胭脂、栀子等颜色，增加美观。

阁老饼

邱琼山①：尝以糯米淘净，和水粉，沥干②，计粉二分，白面一分。其馅随用。熯熟为供。软腻，甚适口。

【注释】

①邱琼山：即邱濬，字仲深，号琼山，别署赤玉峰道人，海南琼山人，明朝景泰五年（1454）进士，授翰林院编修，孝宗弘治年间（1488—1505），官至礼部尚书兼文渊阁大学士，弘治八年（1495）卒，谥文庄，世称邱文庄公。撰有《续通鉴纲目》、《大学衍义补》、《较正幼学须知成语考》等，参修《英宗实录》、《宪宗实录》。

②沥（lì）干：滤干，漉干。

【译文】

明代邱琼山有个烹饪方子：曾把糯米淘净，和水磨成粉，滤干之后，以二比一的用量，把米粉和白面和在一起。做饼子用什么馅，可以随意选用。烤熟之后就可供食用了。很是酥软细腻，口感很是合适。

【点评】

糕饼以阁老为名，或因其烹饪方法传自邱琼山。所谓"阁老"，是对邱琼山的敬称。在唐代，对中书舍人中年资深久者及中书省、门下省属官，皆敬称为阁老。唐代李肇《唐国史补》卷下记载："两省（中书省、门下省）相呼为阁老，尚书丞郎、郎中相呼为曹长。"后晋刘昫《旧唐书》卷一百二十三《杨绾传》记载："故事，舍人年深者谓之阁老，公廨杂科，归阁老者五之四。"五代、宋元时期，也用作对宰相的称呼。明清以降，又用为对翰林中掌诰敕的学士的称呼。清代赵翼《陔余丛考·阁老》记载："苏州有阁老坊，乃吴匏庵为学士时所建，则翰林之在文渊掌诰敕者,亦得称阁老矣。"

玫瑰饼

玫瑰捣去汁,用滓[1],入白糖,模饼。

玫瑰与桂花去汁而香不散。他花不然。

野蔷薇、菊花及叶俱可去汁。

"桂花饼"同此法。

【注释】

①滓:指玫瑰花捣成的泥。

菊

【译文】

把玫瑰花瓣捣碎成泥,过滤掉汁液,和入白糖,然后用印模压制成饼。

玫瑰花泥、桂花泥过滤掉汁液后,香味不会飘散。而其他的花则不会这样。

野蔷薇花、菊花的花瓣和叶子都可以做成泥然后过滤掉汁液。

"桂花饼"的做法和"玫瑰饼"的做法是一样的。

菊饼

黄甘菊去蒂^①，捣，去汁，白糖和匀，印饼。

加梅卤成膏，不枯，可久。

【注释】

①黄甘菊：黄菊和甘菊。

【译文】

把黄菊和甘菊的花蒂去掉，捣成泥，过滤掉汁液，和入白糖，拌匀，用印模压制成饼。

加入梅卤，制成菊膏，不容易干枯，可以放较长时间。

【点评】

黄菊秋月开花似小球状，数花成簇，金黄色，别名寿客、金英、黄华、秋菊、陶菊等，黄菊味道较苦，清热能力强，具有疏风散热、清凉解毒等功效，可用于伤风感冒、疔疮肿毒、血压偏高及动脉硬化等症。甘菊花瓣纯白细小，味微苦、甘香，具有帮助睡眠、平肝明目、润泽肌肤等功效。中国古代有以菊代茶的习惯，南宋陆游《冬夜与溥庵主说川食》诗曰："何时一饱与子同，更煎土茗浮甘菊。"甘菊茶也有长期保健作用。

山查膏

冬月山查^①，蒸烂，去皮、核，净。每斤入白糖四两，捣极匀，加红花膏并梅卤少许，色鲜不变。冻就，切块，油纸封好。外涂蜂蜜，磁器收贮，堪久。

【注释】

①山查：果名，也作"山楂"、"山樝"、"山柤"。

【译文】

取冬天的山楂，蒸到烂熟，去掉皮、核，过滤干净。每一斤山楂放四两白糖，捣碎并搅拌特别均匀，加入少量的红花膏和梅卤，色泽鲜艳不变。冷冻过后，切成块状，用油纸密封好。外面再涂上蜂蜜，放入瓷器中收藏起来，可以放置很久。

梨膏 或配山查一半

梨去核，净，捣出自然汁，慢火熬如稀糊。每汁十斤，入蜜四斤，再熬，收贮。

【译文】

把梨去掉核，过滤干净，捣碎，流出自然汁液，用慢火熬，直到如同稀糊。每十斤梨汁，放入四斤蜂蜜，再用慢火熬成稀糊状，然后收藏起来即可。

乌葚膏

黑桑葚取汁[①]，拌白糖晒稠。量入梅肉及紫苏末[②]，捣成饼，油纸包，晒干，连纸收。色黑味酸，咀之有味。雨天润泽，经岁不枯。

【注释】

①黑桑葚：颜色发黑的桑葚。

②紫苏：指紫苏叶，别名苏叶。味辛性温，无毒，入脾经、肺经二经，有解表散寒、行气和胃的功效，可供膳食，也可供入药。明代李时珍《本草纲目》记载："行气宽中、消痰利肺、和血、温中、止痛、定喘、安胎。"

【译文】

取黑桑葚的汁液，拌入白糖，晒成稠糊。酌量加入梅肉和紫苏末，捣碎制成饼状，然后用油纸包好，晒干，连纸一同收藏起来。乌葚膏色泽乌黑而味道酸甜，咀嚼起来很有味道。遇到雨天，会变得湿润有光泽，经年不干。

【点评】

成熟的桑葚质油润，味甜汁多，酸甜适口，以个大、肉厚、色紫红、糖分足者为佳，可食用鲜果，也可晒干或略蒸后晒干食用。因桑树特殊的生长环境使桑葚具有天然生长，无任何污染的特点，桑葚也被称为"民间圣果"。

桑葚既可入食，又可入药。桑葚味甘酸，性微寒，入心、肝、肾经，有滋补强壮、滋阴补血、生津润燥、养心益智等功效，可治肝肾不足和血虚精亏的头晕目眩、腰酸耳鸣、须发早白、失眠多梦、内热消渴、肠燥便秘等症。唐代李绩、苏敬等纂《唐本草》记载："单食，主消渴。"明代李时珍《本草纲目》记载："捣汁饮，解酒中毒，酿酒服，利水气，消肿。"清代王士雄《随息居饮食谱》记载："滋肝肾，充血液，祛风湿，健步履，息虚风，清虚火。"桑葚果实中含有丰富的活性蛋白、维生素、氨基酸、胡萝卜素、矿物质、白藜芦醇、花青素等成分，营养是苹果的5—6倍，是葡萄的4倍，被医学界誉为"二十一世纪的最佳保健果品"。常吃桑葚能显著提高人体免疫力，具有延缓衰老，美容养颜的功效，但脾胃虚寒便溏者忌食。

桑

核桃饼

核桃肉去皮，和白糖，捣如泥，模印。稀不能持。蒸江米饭，摊冷，加纸一层，置饼于上一宿，饼实而米反稀。

【译文】

核桃仁去掉皮，和入白糖，捣碎成泥，用印模压制成饼。饼子稀软，用手拿不起来。取蒸熟的江米饭，摊开晾凉，上面铺上一层纸，把核桃饼放到纸上放置一夜，饼子硬实而米饭反倒稀软了。

橙膏

黄橙四两，用刀切破，入汤煮熟。取出，去核捣烂，加白糖，稀布滤汁[①]，盛磁盘，再顿过。冻就，切食。

【注释】

①稀布："绤（chī）布"之误，指细葛布。东汉许慎《说文解字》记载："绤，细葛也。"

【译文】

四两黄橙，用刀子切破，放到开水中煮熟。取出来后，去掉核仁，捣烂，加入白糖，用细葛布过滤出汁液，盛放在瓷盘当中，再炖一下。冷冻过后，就做成了橙膏，可以切开食用。

莲子缠

莲肉一斤，泡，去皮、心，煮熟。以薄荷霜二两、白糖二两裹身，烘焙干[①]，入供。

杏仁、榄仁[②]、核桃同此法。

【注释】

①焙（bèi）：用微火烘烤。

②榄仁：橄榄仁。

【译文】

　　一斤莲子，放入水中泡一段时间，去掉皮、心，煮熟。用二两薄荷霜、二两白糖裹在莲子上面，然后用微火烘烤，取出来即可供膳食。

　　杏仁、橄榄仁、核桃仁的做法，和莲子的做法一样。

芟什麻 <small>南方谓之"浇切"</small>

　　白糖六两、饧糖二两^①，慢火熬。试之稠粘，入芝麻一升，炒面四两，和匀。案上先洒芝麻，使不粘，乘热拨开，仍洒芝麻末，骨鲁槌扞开，切象眼块。

【注释】

　　①饧（xíng）糖：麦芽糖，糖稀。

【译文】

　　六两白糖、二两糖稀，用慢火熬煮。试着又稠又粘时，再放入一升芝麻、四两炒面，然后调和均匀。在案板上面先撒上一层芝麻，使案板不粘，趁热把面团摊开，然后再撒上一层芝麻末，用擀面杖擀平，切成象眼块。

【点评】

　　明清时期，人们对饴糖的食用方法多种多样，可以用饴糖来为肉饼煎色刷面，使煎制的肉饼色味俱全，也可以把饴糖数块放入老鸡汤一起煮来提味。这里的"芟（shān）什麻"则是用饴糖与其他食品原料一起做成美味的小食，与现在的芝麻糖有点相似，扬州、镇江、上海等地人们称它为"浇切"、"浇切糖"，有时也写作"交切糖"。

　　明代高濂《遵生八笺·饮馔服食笺》也记载有"芟什麻方"，其做法是："糖卤下小锅，熬至有丝。先将芝麻去皮晒干，或微炒干，随手下在糖内，搅匀，和成一处，不稀不稠。"但如何做成甜食点心，高濂并没有进一步予以叙述，《食宪鸿秘》则给予了完整的说明，即必须用

"白糖六两、饴糖二两"。制作"芰什麻",放糖是有讲究的,只有这样,做出来的甜食点心才可以又甜又粘。

上清丸

南薄荷一斤,百药煎一斤①,寒水石煅②、元明粉、橘梗、诃子肉、南木香、人参、乌梅肉、甘松各一两③,柿霜二两④,细茶一钱,甘草一斤,熬膏。或加蜜一二两熬,和丸,如白果大⑤。每用一丸,噙化。

【注释】

①百药煎:中药的一种,是由五倍子同茶叶等经发酵制成的块状物。

②煅(xiā):火气猛烈。

③诃(hē)子肉:也称"藏青果",是中药收敛剂中的一味常用药。

④柿霜:柿子制成柿饼时外表所生的白色粉霜。

⑤白果:即"银杏",又称公孙树,个如杏核大小,色洁白如玉,其味甘、苦、涩,过食容易引起腹泻。

【译文】

一斤南薄荷,一斤百药煎,烧热的石膏、玄明粉、橘梗、诃子肉、南木香、人参、乌梅肉、甘松各一两,二两柿霜,一钱细茶,一斤甘草,熬煮成膏。也可以加上一二两蜂蜜熬,和成丸子,如同白果一般大小。每次食用一丸,含在口中让它慢慢化掉。

【点评】

这是一剂以清火为主的丸药。

薄荷性凉,味甘辛,入肺经、肝经。疏散风热,清利头目,利咽透疹,疏肝行气。主治疏风、散热、辟秽、解毒、外感风热、头痛、咽喉肿痛、食滞气胀、口疮、牙痛、疮疥、瘾疹、温病初起、风疹瘙痒、肝郁气滞、胸闷胁痛。百药煎味酸,涩,微甘,性平,入心、肺、胃经。多内服，有涩肠止泻、敛肺止咳、止血止汗等功效，主要用于呼吸系统以及消化系统的治疗与调理。寒水石即石膏。其味辛、咸，性大寒，有清热泻火、除烦止渴、利窍消肿等功效。可用于热病烦渴、丹毒烫伤等症。元明粉即"玄明粉"，芒硝经风化干燥制得。性味辛咸，寒，无毒，入胃、心、肺、大肠经，具有泻热通便、软坚散结、清热解毒、清肺解暑、消积和胃等功效，可用于实热积滞、大便不通、目赤肿痛、咽肿口疮、痈疽肿毒等症。诃子肉味苦、酸、涩，性平，入肺、大肠经，具有敛肺涩肠、下气降火、利咽等功效，可用于久泻久痢、便血脱肛、肺虚喘咳、久嗽不止、咽痛音哑等症。南木香味辛性温，入心、肺、肝、脾、胃、膀胱六经，有行气止痛、调中导滞、燥湿化痰的功效，可供膳食，也可入药，用于胸脘胀痛、泻痢后重、食积不消、不思饮食。甘松味辛、甘，性温，入脾、胃经，有理气止痛、醒脾健胃的功效，可用于脘腹胀痛、不思饮食、牙痛、胃痛、腹痛、脚气等症。柿霜味甘、性平，有清心肺热、生津止渴、化痰平嗽等功效，可用于化痰止咳、心热咳嗽、反胃咯血、痔漏出血、润声喉、杀虫等。

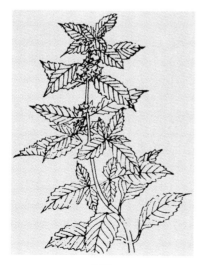

薄荷

紫苏

梅苏丸

乌梅肉二两①，干葛六钱、檀香一钱、苏叶三钱、炒盐一钱、白糖一斤②，共为末。乌梅肉捣烂，为丸。

【注释】

①乌梅：梅的近成熟果实，经烟火熏制而成，其外皮呈黑褐色。

②苏叶：指紫苏叶。

【译文】

准备二两乌梅肉，把六钱干葛、一钱檀香、三钱苏叶、一钱炒盐、一斤白糖，放到一起研磨成细末。再把乌梅肉捣烂，和入研磨好的细末，做成丸子。

【点评】

明代刘文泰《本草品汇精要》记载："梅，木似杏而枝干劲脆，春初时开白花，甚清馥，花将谢而叶始生，二月结实如豆，味酸美，人皆啖之。五月采将熟大于杏者，以百草烟熏至黑色为乌梅，以盐淹暴干者为白梅也。"梅味酸、涩，性平，入归肝、脾、肺、大肠经，有敛肺涩肠、生津安蛔等功效，可用于肺虚久咳、虚热烦渴、久疟久泻、痢疾便血、尿血血崩、蛔厥腹痛等症。清代王士雄《随息居饮食谱》记载："梅，生时宜蘸盐食，温胆生津，孕妇多嗜之，以小满前肥脆而不带苦者佳。多食损齿，生痰助热，凡痰嗽、疳膨、痞积、胀满、外感未清，女子天癸未行，及妇女汛期、产前、产后、痧痘后并忌之。"

北宋苏颂《本草图经》记载："紫苏，叶下紫色，而气甚香，夏采茎叶，秋采实。苏有数种，有水苏、白苏、鱼苏、山鱼苏，皆是荏类。"紫苏叶味辛性温，无毒，入脾经、肺经二经，有解表散寒、行气和胃的功效，可供膳食，也可供入药。明代李时珍《本草纲目》记载："行气宽中、消痰利肺、和血、温中、止痛、定喘、安胎。"主治感冒风寒、恶寒发热、咳嗽、头痛无汗、气喘、胸腹胀满、呕恶腹泻、咽中梗阻、妊娠恶阻、胎动不安，并能解鱼、蟹、蛇、痈疮之毒。民间常用鲜紫苏叶和嫩姜捣烂加盐拌白切猪肉、白切鸭肉食用，或用鲜紫苏叶加大蒜头、炒盐捣烂为凉拌菜食用，或用鲜苏叶煎炒田螺，一方面取其芳香辟腥，另一方面取其行气健胃、发汗祛寒、解毒等作用。紫苏的种子也称苏子，有镇咳平喘、祛痰的功能；种子出的油也称苏子油，长期食用苏子油对治疗冠心病及高血脂有明显疗效。

香茶饼

甘松、白豆蔻、沉香、檀香、桂枝、白芷各三钱①，孩儿茶、细茶、南薄荷各一两②，木香、藁本各一钱③，共为末。入片脑五分④，甘草半斤，细锉⑤。水浸一宿，去渣，熬成膏，和剂。

【注释】

①沉香：沉香或白木香所分泌油脂的脂膏凝结，多呈黑色，气味芳香，置于水中能下沉，故名沉香。檀香：檀香树干的心材，气味极香，可制器物，也可入药。桂枝：肉桂的干燥嫩枝。白芷（zhǐ）：简称"芷"，也称"辟芷"，根可入药。

②孩儿茶：即"儿茶"，儿茶树的去皮枝、干的干燥煎膏。

③藁（gǎo）本：藁本的干燥根茎及根。

④片脑：又名羯婆罗香、龙脑香，俗称冰片，为龙脑树树脂的结晶体。

⑤锉（cuò）：用锉刀磋磨。

【译文】

甘松、白豆蔻、沉香、檀香、桂枝、白芷各三钱，儿茶、细茶、薄荷各一两，木香、藁本各一钱，放到一起研磨成细末。再放五分片脑，半斤甘草切细。放到水里浸泡一夜，过滤掉渣子，然后熬煮成膏，和成剂子。

【点评】

香茶饼有清热散寒、理气通窍、止痛开胃的作用。

白豆蔻味辛、性温，入肺、脾、胃经，有化湿行气、温中止呕、消食暖胃等功效，可用于

儿茶

甘草

气滞、食滞、胸闷、腹胀、噫气、噎膈、吐逆、反胃、疟疾等症。沉香味辛、苦，性温，入脾、胃、肾、肺经，有降气温中、暖肾助阳等功效，可用于气逆喘息、呕吐呃逆、脘腹胀痛、腰膝虚冷、大肠虚秘、小便气淋、男子精冷等症。檀香味辛、性温，有理气止痛、开胃等功效。桂枝味辛、甘，性温，入心、肺、膀胱经，有发汗解肌、温经通脉、助阳化气、散寒止痛等功效，可用于风寒感冒、脘腹冷痛、血寒经闭、关节痹痛、痰饮蓄水、水肿、心悸、奔豚等症。白芷味辛性温，入肺、胃经，有祛风散寒、通窍止痛、消肿排脓、燥湿止带等功效。孩儿茶味苦、涩，性微寒，入肺经，有清热、生津、止血等功效，可用于肺热咳嗽、咯血、腹泻、小儿消化不良、皮肤湿疹、口疮、扁桃体炎等。藁本味辛，性温，入膀胱经，有祛风散寒、除湿止痛等功效，可用于风寒感冒、巅顶疼痛、风湿痹痛、肢节疼痛等症。片脑俗称冰片，味辛、苦，性微寒，可入药。外用有清热止痛、防腐止痒等功效，可用于目翳、风热上攻头目、头脑疼痛、风热喉痹、中风牙闭、牙齿疼痛、内外痔疮等症。

酱之属

合酱

今人多取正月晦日合酱①。是日偶不暇为，则云："时已失②。"大误也。按：古者王政重农，故于农事未兴之时，俾民乘暇备一岁调鼎之用③，故云"雷鸣不作酱"，恐二三月间夺农事也。今不躬耕之家，何必以正晦为限，亦不须避雷，但要得法耳④*李济翁《资暇录》*⑤。

【注释】

①正月晦（huì）日合酱：在正月最后一天制酱。晦日，阴历每月的最后一天。晦，月尽之日，东汉许慎《说文解字》云："晦，月尽也。"东汉王充《论衡·四讳》记载："三十日日月合宿，谓之晦。"合酱，制酱。

②时已失：时机已经失去。时，时机。

③俾（bǐ）：使。调鼎：烹调食物。鼎，古代烹煮用的器物，一般是三足两耳。

④得法：获得正确的方法或找到窍门。

⑤李济翁《资暇录》：指以上所述出自李济翁的《资暇录》。李济翁，即唐代李匡义。《资暇录》，又名《资暇集》，唐代考据辨证类笔记。

【译文】

现在人们大多习惯选择在正月的最后一天来制酱。如果当天比较繁忙，没有时间制酱，就会说："制酱的时机已经失去了。"其实这是大错特错的。按：过去王政重视农业生产，所以在农忙还没有开始的时候，督促百姓趁着闲暇，来准备烹调食物一年所需的调和，也因此有所谓"雷鸣不作酱"之说，这是担心在农历二三月之间与农忙争夺时间的原因啊。现在对于一些并不亲自从事农耕的人家来说，何必以正月的最后一天作为期限？也并不一定要避忌雷鸣，只是需要方法得当而已*见李济翁《资暇录》*。

【点评】

酱是以豆类、小麦粉、水果、肉类或鱼虾等物为主要原料，加工而成的糊状调味品，在中国有着悠久的历史。酱也有着重要的药用价值。晋代陶弘景据汉、魏名医用药，增益《神农本草经》而成《名医别录》，以酱入药，认为酱有"除热，止烦满，杀百药及热汤火毒"的

盐

功用。宋代陈日华《经验方》记载："杀一切鱼、肉、菜蔬、蕈毒，并治蛇、虫、蜂、虿等毒。"明代李时珍《本草纲目》记载："酱汁灌入下部，治大便不通。灌耳中，治飞蛾、虫、蚁入耳。涂狾（zhì）犬咬及汤、火伤灼未成疮者，有效。中砒毒，调水服即解。"用酱治疗烫伤、蚊虫叮咬、皮肤炎肿等病症，是历史上中国百姓的习用方法。

飞盐

古人调鼎①，必曰盐梅②。知五味以盐为先③。盐不鲜洁，纵极烹饪无益也。用好盐入滚水泡化，澄去石灰、泥滓，入锅煮干，入馔不苦。

【注释】

①调鼎：烹调食物。

②必曰盐梅：必用盐和梅。《尚书·说命下》记载："若作和羹，尔惟盐梅。"

③以盐为先：以盐为首。先，首要，根本。

【译文】

古人烹调食物，一定需要使用盐和梅。要知道，五味以盐为首。盐不新鲜清洁，即使极尽烹饪的技艺，也是枉然。用好的盐，放入滚烫开水中泡化，澄去石灰和泥渣，再放到锅里煮干，用这样的盐来烹调食物，味道不苦。

甜酱

伏天取带壳小麦淘净^①，入滚水锅，即时捞出。陆续入，即捞，勿久滚。捞毕，滤干水，入大竹箩内，用黄蒿盖上。三日后取出，晒干。至来年二月再晒。去膜播净^②，磨成细面，罗过^③，入缸内。量入盐水，夏布盖面^④，日晒成酱。味甜。

【注释】

①伏天：指农历"三伏天"，在小暑与大暑之间，一年中气温最高且又潮湿、闷热的日子。伏，表示阴气受阳气所迫而藏伏在地下。

②播（bǒ）：摇，簸扬。

③罗过：用罗筛过。罗，本指过滤流质或筛细粉末用的器具，这里指用罗筛东西。

④夏布：一种用苎（zhù）麻以纯手工纺织而成的平纹布。

【译文】

在伏天将带壳的小麦淘洗干净，放到滚烫的开水锅里，马上再捞出来。随后再不断放入小麦并立即捞出，不要用滚烫开水煮太久。把小麦捞出来后，沥干水，放到大竹箩筐里，用黄蒿盖上。三天后取出来，晒干。到了第二年的农历二月，再晒一晒。去掉麦壳，簸扬干净，磨成细面，用罗筛过，放到缸里。酌量放点盐、水，用夏布盖在上面，天天晒，直到成了酱。带有甜味。

甜酱方 用面不用豆

二月，白面百斤，蒸成大馒子，劈作大块，装蒲包内按实^①，盛箱，发黄^②大约面百斤成黄七十五斤，七日取出。不论干湿，每黄一斤，盐四两。将盐入滚水化开，澄去泥滓，入缸，下黄。将熟，用竹格细搅过，勿留块。

【注释】

①蒲包：用香蒲叶编成的装东西的用具。

②发黄：将大豆发成豆黄。豆黄，用黑大豆蒸罨(yǎn)加工而成的罨黄制品。罨黄，指掩盖发酵物，保湿保温，以利霉菌发育，长成黄色孢子。这里的发黄，指的是用面罨成面黄。

【译文】

在每年农历二月，准备好一百斤白面，蒸成大馒子，然后切成大块，装入蒲包里，按实，再装入箱子，罨成面黄大约每一百斤面可以罨成七十五斤面黄，七天之后取出来。不论是干还是湿，每一斤面黄，用四两盐。将盐放到滚烫的开水中化开，澄去泥渣，倒入缸里，把面黄也下进去。在将熟未熟的时候，用竹格细细搅拌，不要使面黄成块。

酱油

黄豆或黑豆煮烂，入白面，连豆汁揣和使硬①。或为饼，或为窝。青蒿盖住，发黄。磨末，入盐汤，晒成酱。用竹篾密挣缸下半截②，贮酱于上，沥下酱油③，或生绢袋盛滤。

【注释】

①揣(zhuī)和：捶打调和。揣，捶击。

②挣(zhèng)：用力支撑。

③沥(lì)：滤，漉。

【译文】

把黄豆或是黑豆煮烂，放入白面，连同豆汁一起，捶打调和，使它变得硬实。可以制成饼，也可以制成窝

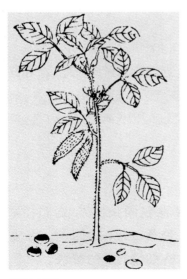

黄豆（大豆）

头。用青蒿盖上，发成豆黄。把豆黄研磨成细末，放入盐水，晒成酱。用竹篾紧密排列，用力支撑在缸的下半截，把酱放到上面，沥下酱油。也可以装入生绢袋子过滤。

甜酱

白豆炒黄，磨极细粉，对面^①，水和成剂。入汤煮熟，切作糕片，合成黄子，搥碎^②，同盐瓜、盐卤层叠入瓮，泥头^③。十个月成酱，极甜。

【注释】

①对面：指掺和对半面粉。对，本指平均分成两份，这里指豆粉、面粉的分量对等、对半。

②搥（chuí）：敲打。

③泥头：用泥密封瓮口。头，指瓮口。

【译文】

白豆炒成黄色，研磨成特别细的粉末，掺和对半的面粉，用水和成剂子。放到水中煮熟，然后捞出来切成糕片，合成黄子，搥碎，连同盐瓜、盐卤间隔叠放在瓮中，用泥密封住瓮口。十个月过后，酱就制成了，味道很甜。

一料酱方

上好陈酱五斤、芝麻二升炒、姜丝五两、杏仁二两、砂仁二两、陈皮三两、椒末一两、糖四两^①，熬好菜油，炒干，入篓^②。暑月行千里不坏。

【注释】

①上好：顶好，最好。

②篓（lǒu）：用竹篾、荆条、苇篾等编成的盛器，一般为圆桶形。

【译文】

准备好上好的陈酱五斤、芝麻二升，炒熟、姜丝五两、杏仁二两、砂仁二两、陈皮三两、花椒末一两、白糖四两，熬好菜油，一起炒干，然后放到篓子里。夏天暑月，带着它行走千里，也不容易变质。

糯米酱方

糯米一小斗，如常法做成酒，带糟[①]，入炒盐一斤，淡豆豉半斤[②]，花椒三两，胡椒五钱，大茴香、小茴香各二两，干姜二两。以上和匀磨细，即成美酱，味最佳。

【注释】

①糟（zāo）：指酒滓，做酒剩下的渣子。

②豆豉（chǐ）：我国传统发酵豆制品，广泛使用于中国烹调之中，原料一般为熟的黄豆或黑豆。豆豉在古代称为"幽菽"，唐代时传入日本，称为"纳豉"。咸者可供调味，淡者可以入药。

【译文】

糯米一小斗，按照普通常用方法做成酒，连带酒糟，放入一斤炒盐，味道轻淡些的豆豉半斤，三两花椒，五钱胡椒，大、小茴香各二两，二两干姜。以上这些材料搅拌调和均匀，研磨成细末，就成了美味的酱，味道相当不错。

鲲酱 虾酱同法

鱼子去皮、沫[①]，勿见生水，和酒、酱油磨过。入香油打匀[②]，晒、搅，加花椒、茴香晒干成块。加料及盐、酱，抖开再晒方妙。

【注释】

①鱼子：指雌鱼的卵块（硬鱼子）或雄鱼的精块或精液（软鱼子），均可作食品。

②香油：即芝麻油。

【译文】

鱼子去掉皮、沫，不要碰到生水，和入酒、酱油，研磨一番。再放入香油调和均匀，日晒、搅拌，放入花椒、茴香晒干成块。加上用料及盐、酱，摊开再晒才好。

【点评】

《食宪鸿秘》所介绍的鲲（kūn）酱，也就是鱼子酱。鲲，一是指古代传说中的一种大鱼，《庄子·逍遥游》记载说："北冥有鱼，其名为鲲。"一是指鱼子，《尔雅·释鱼》记载说："鲲，鱼子。"东晋郭璞注解说："凡鱼之子，名鲲。"鱼子是一种营养丰富的食品，其中有大量的蛋白质、钙、磷、铁、维生素和核黄素，也富有胆固醇，是人类大脑和骨髓的良好补充剂、滋长剂。对于一般群体而言，多吃鱼子，不仅有利于促进发育、增强体质、健脑，而且还可起到乌发的作用。一般的鱼子，多是经过盐渍或熏制后制成鱼子酱再食用，也称为鱼籽酱。在各种鱼子酱事，以鲟鱼的硬鱼子是最佳上品。

腌雪

腊雪拌盐贮缸，入夏，取水一杓煮鲜肉，不用生水及盐、酱，肉味如暴腌①，中边加透②，色红可爱，数日不坏。

用制他馔及合酱俱妙。

【注释】

①暴（pù）腌：腌制泡菜、鱼肉的一种初加工程序，将调料均匀地涂抹于鱼身、鱼腹后，把鱼悬挂于阴凉通风处。暴腌之后，烹法多样，可以香煎、蒸制、焖烧。

②中边加透：疑是"中边如透"之误。中边，指内外、表里，意谓从里到外、由表至里。

雪竹图

【译文】

　　腊月的雪拌上盐贮藏在缸里，到了夏天，取一勺子雪盐水用来煮鲜肉，不用生水及盐、酱，肉的味道和暴腌的一样，从里至外都如同腌透一般，色泽红润可爱，许多天都不变质。

　　用来制作其他肴馔或者合酱都很美妙。

芥卤

　　腌芥菜盐卤，煮豆及萝卜丁，晒干，经年可食[1]。

　　入坛封固，埋土，三年后化为泉水。疗肺痈、喉鹅[2]。

【注释】

　　①经年：指经年累月，经历很长时间。

　　②肺痈：中医病名。肺部发生痈疡、咳唾脓血的病症，类于肺脓疡、肺坏疽等疾患。

喉鹅：疑为"喉蛾"。中医病名，也叫乳蛾。症发时，咽部两侧咽弓、扁桃体肿胀、疼痛、糜烂，有黄白色脓样分泌物。患处很像蚕蛾，故称。

【译文】

用腌芥菜的盐卤煮豆子和萝卜丁，然后晒干，经历很长时间，仍然可以食用。

把腌芥菜的盐卤倒入坛中密封，埋到土里，三年之后化为泉水。能够治疗肺痈、喉蛾。

【点评】

芥（jiè）菜，别名刈菜、大菜、大芥、芥子。按用途来分，芥菜主要可以分为叶用（如"雪里蕻"）、茎用（如"榨菜"）、根用（如"大头菜"）三类，是一种很有营养的蔬菜，在台湾地区，还是过年的一道应景年菜。芥菜味辛性温，有宣肺祛痰、温中利气等功效，可用于咳嗽痰滞、寒饮内盛等症。芥菜种子称芥子，色黄而味辛辣，有温中散寒、利气祛寒、通络止痛、消肿解毒等功效，可用于呕吐、咳嗽、喘咳、关节麻木、跌打、痛经、阴疽肿毒等症。芥子磨成粉末，称"芥末"，具辛烈性杀菌作用，可作调味品，少量可增进食欲；也可入药，是皮肤发赤及抗刺激药，能消散痛肿瘀血，可用于肋膜疼痛、肺炎、支气管炎、风湿病及神经痛。

笋油

南方制咸笋干，其煮笋原汁与酱油无异，盖换笋而不换汁故。色黑而润，味鲜而厚，胜于酱油，佳品也。山僧受用者多，民间鲜制。

【译文】

南方地区制作咸笋干，煮笋时的原汁和酱油没有什么差别，可能是只换笋子但不换汁的缘故。这种笋油色泽乌黑光润，味道鲜美醇厚，比酱油还要略胜一筹，真是美味。山间僧人多用笋油来烹饪，而普通民间很少制作。

神醋 六十五日成

五月二十一淘米,每日淘一次,淘至七次,蒸饭。熟,晾冷,入坛,用青夏布扎口,置阴凉处。坛须架起,勿着地。六月六日取出,重量一碗饭[1]、两碗水入坛。每七打一次[2],打至七次煮滚。入炒米半斤,于坛底装好,泥封。

【注释】

①重(chóng)量(liáng):重新量取。

②每七:每七天。

【译文】

农历五月二十一日淘米,每天淘一次,总共淘七次,用来蒸饭。饭熟后,取出来晾凉,放到坛子里,用青色夏布扎紧坛口,置于阴凉的地方。坛子一定要架空,不要着地。农历六月初六取出,重新量取一碗米饭、两碗水倒入坛子。每七天搅拨一次,搅拨七次之后,再煮到滚开。事先倒入半斤炒米铺平坛底,再把煮好的米装好,用泥密封坛口。

醋方

老黄米一斗,蒸饭,酒曲一斤四两[1],打碎,拌入瓮。一斗饭,二斗水。置净处,要不动处,一月可用。

【注释】

①酒曲:酿酒用的发酵物。在经过强烈蒸煮的白米中,移入曲霉的分生孢子,然后保温,米粒上即茂盛地生长出菌丝,此即酒曲。在曲霉淀粉酶的强力作用下,米的淀粉糖化,可以用来作为糖的原料,用来制造酒、甜酒和豆酱等。用麦类代替米者称麦曲。

【译文】

准备好一斗陈黄米，蒸熟成饭，再把一斤四两酒曲搅碎，拌和好放入瓮中。每一斗米饭，配两斗水。瓮要置放在干净的、不会晃动的地方，一个月过后，就可以食用了。

大麦醋

大麦仁，蒸一斗，炒一斗，晾冷。用曲末八两拌匀，入坛。煎滚水四十斤注入，夏布盖。日晒，时移向阳[1]。三七日成醋[2]。

【注释】

①时移向阳：不时移动坛子，使之朝向太阳。时，时而，不定时。

②三七日：二十一天。

【译文】

大麦仁，一斗蒸熟，一斗炒熟，晾凉。然后用八两酒曲末搅拌均匀，放到坛子里。再倒入四十斤滚烫的开水，用夏布盖好。天天晒，并不时移动坛子，让太阳能够直射到。二十一天过后，大麦醋就制成了。

神仙醋

午日起[1]，取饭锅底焦皮，捏成团，投筐内悬起。日投一个，至来年午日，搥碎，播净[2]，和水入坛，封好。三七日成醋，色红而味佳。

尝醋

【注释】

①午日：农历五月初五端午日，又称端阳节。

②播（bǒ）：摇，簸扬。

【译文】

自农历五月初五端午开始，取米饭锅底的锅巴，揉捏成团，放进筐子里，筐子要悬挂起来。每天投一团，到了第二年的端午，取出来全部捣碎，簸扬干净，和水放到坛子里，密封好。二十一天过后，神仙醋就制成了，色泽红润，味道美妙。

收醋法

头醋滤清①，煎滚入坛。烧红火炭一块投入，加炒小麦一撮。封固，永不败②。

【注释】

①头醋：初制未掺水的醋，味极酸。

②败：腐烂，变质。

【译文】

头醋过滤掉杂质，煮得滚开倒入坛子中。取一块烧红的火炭投放进去，再加一撮炒熟的小麦。密封结实，一直都不会变质。

甜糟

上白江米二斗，浸半日，淘净，蒸饭，摊冷，入缸。用蒸饭汤一小盆作浆，小曲六块，捣细罗末①，拌匀用南方药末更妙。中挖一窝，周围按实，用草盖盖上②，勿太冷太热。七日可熟。将窝内酒酿撇起，留糟。每米一斗，入盐一碗，橘皮细切，量加。封固，勿使蝇虫飞入。听用③。

或用白酒甜糟。每斗入花椒三两、大茴二两、小茴一两、盐二升，香油二斤拌贮。

【注释】

①罗末：用罗筛成细末。

②草盖：指草帘，一般是用稻草或麦秸手工编制而成。

③听用：听候使用。

【译文】

取两斗精白的江米，用水浸泡半天，淘洗干净，蒸熟成米饭，摊开晾凉，放入缸里。取蒸饭的开水一小盆用作比较浓稠的浆液，再把六小块酒曲捣碎研细罗筛成末，与蒸饭一起搅拌均匀用南方的药末更好。在蒸饭中心部位挖一个小坑，周围捺按结实，用草帘子盖上缸口，不能太凉也不能太热。七天之后，就差不多发酵成熟了。将小坑里的酒酿撇出来，把酒糟留下来。每一斗米，放盐一碗，把橘子皮切成细末后，酌量加放。把缸密封结实，不要让蝇虫飞进去。随时听候使用。

或者用白酒甜糟。每斗甜糟放入三两花椒、二两大茴香、一两小茴香、二升盐，二斤香油拌匀贮存。

制香糟

江米一斗，用神曲十五两①，小曲十五两，用引酵酿就。入盐十五两，搅转，入红曲末一斤②，花椒、砂仁、陈皮各三钱，小茴一钱，俱为末，和匀，拌入，收坛。

【注释】

①神曲：辣蓼（liǎo）、青蒿、杏仁等加入面粉或麸皮混合后，经发酵而形成的曲剂，

食宪鸿秘

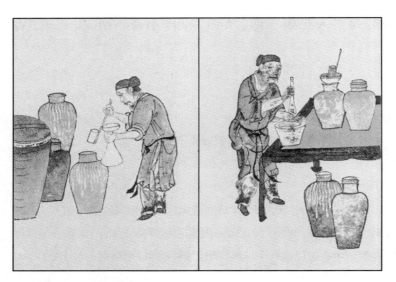

明卢和《食物本草·红曲
酒、暹罗酒》

创自汉代名医刘义。神曲味甘、辛,性温,入脾、胃、大肠经,有健脾消食、理气化湿、解表
等功效。明代李时珍《本草纲目》记载说,神曲主治消食下气,除痰逆、霍乱、泄痢、胀满
诸症。"脾阴虚,胃火盛者不宜用;能落胎、孕妇宜少食"。十五两:约合今九两四钱,古代
以十六两为一斤。

②红曲:用煮熟粳(jīng)米调和酒曲,密封使其发热而成,色鲜红。红曲味甘性温,
有活血化瘀、健脾消食的功效,可供药食两用。《本草纲目》记载说,红曲"主治消食活血、
健脾燥胃,治赤白痢、下水谷","治妇女血气痛及产后恶血不尽"。脾阴不足及无食积瘀滞
者慎用。清代吴仪洛《本草从新》记载:"忌同神曲,脾阴虚胃火盛者勿用。能损胎。"

【译文】

一斗糯米,配十五两神曲、十五两小曲,用引酵酿制成酒糟。放入盐十五两,不断地搅拌
旋转,再放入一斤红曲末,花椒、砂仁、陈皮各三钱,小茴香一钱,都要研磨成细末,然后调
和均匀,拌到糟里,密封坛口,贮存起来。

糟油

做成甜糟十斤、麻油五斤、上盐二斤八两、花椒一两，拌匀。先将空瓶用稀布扎口①，贮瓮内，后入糟封固。数月后，空瓶沥满，是名"糟油"。甘美之甚。

【注释】

①稀布："绤（chī）布"之误，指细葛布。东汉许慎《说文解字》："绤，细葛也。"

【译文】

做好的甜糟十斤、麻油五斤、上等的盐二斤八两、花椒一两，放在一起搅拌均匀。先将空瓶用细葛布扎住瓶口，贮藏在瓮里，然后把糟放进去，密封严实。几个月过后，空瓶渗满，就是糟油，其味甘美至极。

【点评】

糟油是中国传统食品，以糟汁、盐、味精为料，调匀后为咖啡色咸香味，可用来拌食禽、肉、水产类原料。糟油具有提鲜、解腥、开胃、增进食欲的作用，而且营养丰富，含有人体所必需的多种氨基酸，具有营养价值和经济价值。清代袁牧《随园食单》记载："糟油出太仓，愈陈愈佳。"各种糟油中，以太仓糟油稍胜一筹，色味俱胜，始创于清代乾隆、嘉庆年间，时在《食宪鸿秘》刊印之后，由开酱园、酿酒的商人李梧江在米酒中加入辛香料及佐料封缸一年制成。

制芥辣

芥子一合①，入盆擂细②。用醋一小盏，加水和调，入细绢挤出汁，置水缸凉处。临用，再加酱油、醋调和。甚辣。

【注释】

①芥子：芥菜的种子。合（gě）：一升的十分之一。

②擂（léi）：研磨。

【译文】

准备一合芥子，放入盆里，研磨成细末。用一小杯醋，加上水调和，放到细绢布里挤出汁，然后把芥子置放在水缸里冰凉的地方。临到取用的时候，再加酱油、醋调和，特别辛辣。

梅酱

三伏取熟梅，捣烂，不见水，不加盐，晒十日。去核及皮，加紫苏，再晒十日，收贮。用时，或入盐，或入糖。梅经伏日晒，不坏。

【译文】

三伏天时取来熟透的梅子，捣烂成泥，不能碰到水，也不放盐，曝晒十天。去掉核仁和皮，加进去紫苏，再曝晒十天，然后收藏贮存起来。使用的时候，可以放盐，也可以放糖。梅子经过伏天的曝晒，不会变质。

咸梅酱

熟梅一斤，入盐一两，晒七日。去皮、核，加紫苏，再晒二七日①，收贮。点汤②，和冰水，消暑。

【注释】

①二七日：十四天。

②点汤：以沸水冲泡。

【译文】

一斤熟透的梅子，配入一两盐，曝晒七天。拣去皮、核仁，加进去紫苏，再曝晒十四天，收藏贮存起来。用沸水冲泡，或是调和冰水，能够消暑解渴。

甜梅酱

熟梅，先去皮，用丝线刻下肉[①]，加白糖拌匀。重汤顿透[②]，晒一七收藏。

【注释】

①刻下：划下。刻，本指用刀具雕刻、挖掘，这里指用丝线划刻。

②重汤：指隔水蒸煮的烹饪之法。

【译文】

熟透的梅子，先去掉皮，用丝线划下梅肉，加入白糖搅拌均匀。用隔水蒸煮的方法炖透，然后曝晒七天的时间，收藏起来。

梅卤

腌青梅卤汁，至妙。凡糖制各果，入汁少许，则果不坏而色鲜不退。此丹头也[①]。代醋拌蔬，更佳。

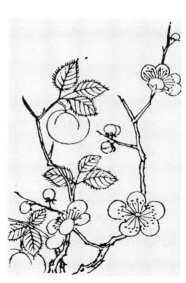

梅

【注释】

①丹头：道教指精炼而成的丹药。这里指促成事物变化的主要因素。

【译文】

腌制青梅的卤汁，特别奇妙。但凡用糖加工制作的各类瓜果，放入少量梅卤后，则果实不变质，而且色泽鲜艳如初不退。这真可谓是"丹头"啊。用梅卤代替醋来拌蔬菜，效果更好。

豆豉 大黑豆、大黄豆俱可用

大青豆一斗浸一宿①，煮熟。用面五斤缠衣②。摊席上晾干。楮叶盖③，发中黄④。淘净、苦瓜皮十斤去内白一层，切作丁。盐腌，榨干，飞盐五斤或不用，杏仁四升约二斤。煮七次，去皮、尖。若京师甜杏仁，泡一次，生姜五斤刮去皮，切丝。或用一二斤，花椒半斤去梗目，或用两许，薄荷、香菜、紫苏叶五两三味不拘⑤。俱切碎，陈皮半斤或六两去白，切丝，大茴香、砂仁各四两或并用小茴四两、甘草六两，白豆蔻一两或不用，草果十枚⑥或不用，荜拨、良姜各三钱⑦或俱不用，官桂五钱⑧，共为末，合瓜、豆拌匀，装坛。用金酒、好酱油对和加入，约八、九分满。包好。数日开看，如淡，加酱油；如咸，加酒。泥封固，晒。伏制秋成⑨，味美。

【注释】

①宿（xiǔ）：夜。

②缠衣：指用面粉将大青豆裹住。

③楮（chǔ）叶：楮树之叶。楮，落叶乔木，树皮是制造桑皮纸和宣纸的原料。

④发中黄：将大青豆发成豆黄。

⑤三味不拘：指薄荷、香菜、紫苏叶的用量不受约束，随便用多少。

⑥草果：即草豆蔻。对肉豆蔻而言。多年生草本，种子可入药，亦可用为香料。性味辛，温。归肺经、脾经、胃经。化湿消痞，行气温中，开胃消食。用于湿浊中阻，不思饮食，湿温初起，胸闷不饥，寒湿呕逆，胸腹胀痛，食积不消。阴虚内热，或胃火偏盛，口干口渴，大便燥结者忌食；干燥综合症及糖尿病人忌食。

⑦荜拨（bì bō）：一种中药，可作香料。味辛大温，有补腰脚、杀腥气、消食、除胃冷的功效，可作镇痛健胃良药，对于治疗胃寒引起的腹痛、呕吐酸水、腹泻、冠心病心绞痛、神经性头痛及牙痛等效果较好。

⑧官桂：即"肉桂"，又称桂皮或香桂。官桂为食品香料或烹饪调料，也为常用中药，味辛性温，入脾、胃、肝、肾经，有温脾胃、暖肝肾、祛寒止痛、散瘀消肿等功效，可用于脘腹冷痛、呕吐泄泻、腰膝酸冷、寒疝腹痛、寒湿痹痛、瘀滞痛经、血痢、肠风、跌打肿痛等症。

⑨伏制秋成：伏天开始制作，秋天制作完成。

【译文】

大青豆一斗用水浸泡一夜，煮熟，再用五斤面粉将大青豆裹住，然后摊到席子上晾干。用楮树叶子盖好，将大青豆发成豆黄。淘洗干净，苦瓜皮十斤去掉内白，切作瓜丁，用盐腌，榨干水分，飞盐五斤也可以不用，杏仁四升约两斤。煮七次，去掉皮和尖。如果是京师甜杏仁，用水泡一次，生姜五斤刮去皮，切成细丝。也可以只用一两斤，花椒半斤去掉梗目。或只用一两左右，薄荷、香菜、紫苏叶五两这三种佐料的用量不受限制。都要切得细碎，陈皮半斤或六两去掉白，切成细丝，大茴香、砂仁各四两也可以并用小茴香四两、甘草六两代替，白豆蔻一两也可以不用，草果十颗也可以不用荜拨、良姜各三钱也可以两者都不用，官桂五钱，一起研磨成细粉末，配上瓜、豆搅拌均匀，装入坛子。用金酒、好酱油对半调和加入，大约八、九分满就行。包裹严实，隔几天后打开来看，如果味道淡了，就加点酱油；如果味道咸了，就加点酒。用泥密封结实，在太阳下曝晒。三伏天开始制作，到了秋季就可以完成了，味道很是美妙。

【点评】

豆豉，作为家常调味品，适合烹饪鱼肉时解腥调味。豆豉又是一味中药，性平，味咸，归肺、胃经，有和胃、除烦、解腥毒、去寒热的功效。风寒感冒，怕冷发热，寒热头痛，鼻塞喷嚏，腹痛吐泻者宜食；胸膈满闷，心中烦躁者宜食。

香豆豉 制黄子以三月三日、五月五日

大黄豆一斗，水淘净，浸一宿，滤干。笼蒸熟透，冷一宿，细面拌匀逐颗散开。摊箔上①箔离地一二尺，上用楮叶，箔下用蒿草密覆，七日成黄衣②。晒干，簸净。加盐二斤，草果去皮十个，莳萝③二两，小茴、花椒、官桂、砂仁等末各二两，红豆末五钱，陈皮、橙皮切丝，各五钱，瓜仁不拘，杏仁不拘，苏叶切丝，二两，杏草去皮，切，一两，薄荷叶切，一两，生姜临时切丝，二斤，菜瓜切丁，十斤。以上和匀，于六月六日下，不用水，一日拌三五次，装坛。四面轮日晒，三七日，倾出，晒半干，复入坛。用时，或用油拌，或用酒酿拌，即是湿豆豉。

莳萝

【注释】

①箔(bó)：用苇子或秫秸编成的帘子。

②黄衣：这里指酱黄。大豆蒸熟后，和以面粉，下垫蒿草，上盖楮叶，促使曲菌在黄豆上繁殖。曲菌孢子呈暗黄色，所以称之为"黄衣"。

③莳(shí)萝：多年生草本植物，果实椭圆形，子实含有芳香油，可制香精，常用作调料。

【译文】

取一斗大黄豆，用水淘洗干净，浸泡一夜，沥干水分。放到蒸笼中蒸得烂熟，然后晾一夜晾凉。用细面搅拌均匀把黄豆逐粒散开，在箔上摊开箔离地要有一两尺高，上面用楮叶盖着，下面密密地铺上一层蒿草，七天之后就制成酱黄了。把酱黄晒干，簸扬干净。加盐两斤，草果去掉皮，十颗，莳萝二两，小茴香、花椒、

官桂、砂仁等末各二两，红豆末五钱，陈皮、橙皮切成细丝，各五钱，瓜仁用量不限，杏仁用量不限，紫苏叶切成细丝，二两，杏草去掉皮，切碎，一两，薄荷叶切碎，一两，生姜临时切成细丝，两斤，菜瓜切成瓜丁，十斤。以上这些用料调和均匀，在农历六月初六下到酱黄中，不要使用水，一天搅拌三五次，装入坛子里。坛子四面都要轮着曝晒，二十一天之后，倒出来，晒到半干，然后再装入坛子里。食用的时候，或用菜油调拌，或用酒酿调拌，就成了湿豆豉了。

熟茄豉

茄子用滚水沸过，勿太烂，用板压干，切四开。

生甜瓜_{他瓜不及}①切丁，入少盐，晾干。每豆黄一斤，茄对配②，瓜丁及香料量加。用好油四两，好陈酒十二两，拌。晒透，入坛，晒，妙甚。

豆以黑、烂、淡为佳。

【注释】

①不及：比不上。

②对配：对半放入。对，本指平均分成两份，这里指豆黄、茄的份量对等、对半。配，本指用适当的标准加以调和，这里指准备放入的茄子。

【译文】

用滚烫开水把茄子煮一下，不要煮得太烂，然后用案板把水分压挤干，切成四块。

把生甜瓜其他的瓜比不上切成瓜丁，放入少量的盐，晾干。每一斤豆黄，配放同样分量的茄子，瓜丁及香料酌量加一点。用四两质量好的油，十二两质量好的陈酒，搅拌和匀。充分曝晒后，放入坛子里，再晒。味道妙不可言。

豆黄以颜色黑、发酵烂透、味道淡为好。

燥豆豉

　　大黄豆一斗，水浸一宿。茴香、花椒、官桂、苏叶各二两，甘草五钱，砂仁一两，盐一斤，酱油一碗，同入锅。加水浸豆三寸许。烧滚，停顿，看水少，量加热水。再烧熟烂。取起，沥汤，烈日晒过，仍浸原汁。日晒夜浸，汁尽豆干。坛贮，任用干后再用烧酒拌润、晒干，更妙。

【译文】

　　取一斗大黄豆，用水浸泡一夜。茴香、花椒、官桂、紫苏叶各二两，甘草五钱，砂仁一两，盐一斤，酱油一碗，一起放进锅里。加水，浸过豆子三寸左右。然后把水烧到滚开，停止煮炖，如果水少了，就酌量加点热水。再烧煮，直到熟烂。把黄豆捞出来，沥干汤汁，在烈日下曝晒过后，仍然浸泡到原来的汤汁之中。白天曝晒，夜里浸泡，直到汤汁用完，黄豆变干。用坛子贮存起来，随时可以取用黄豆变干之后，如果用烧酒搅拌湿润，再晒干，更是妙不可言。

松豆 陈眉公方①

　　大白圆豆，五日起，七夕止，日晒夜露②雨则收过。毕，用太湖沙或海沙入锅炒先入沙炒熟，次入豆，香油熬之，用筛筛去沙③。豆松无比，大如龙眼核④。或加油盐或砂仁酱或糖卤拌俱可。

【注释】

　　①陈眉公：明代文学家、书画家陈继儒（1558—1639）的号，字仲醇，又号麋公。华亭（治今上海松江）人。诸生，年二十九，隐居小昆山，后居东佘山，杜门著述，工诗善文，书法苏、米，兼能绘事，屡奉诏征用，皆以疾辞。擅墨梅、山水，画梅多册页小幅，自然随意，意态萧疏。论画倡导文人画，持南北宗论，重视画家的修养，赞同书画同源，有《梅花册》、《云山卷》等传世。著有《妮古录》、《陈眉公全集》、《小窗幽记》。对饮食也有一

定的研究。

②露（lù）：指在室外、无遮盖。

③香油熬之，用筛筛去沙：当作"用筛筛去沙，香油熬之"，指用筛子筛去沙之后，再用香油把炒过的豆子油炸一下。

④大如龙眼核：像龙眼核一样大。龙眼，即中药材中的"桂圆"。

【译文】

取颗粒大且又白又圆的豆子，自农历五月初五起，至农历七月初七止，白天曝晒，夜里暴露下雨则收起来。过后，用太湖沙或海沙放到锅里

献食陶俑　庖厨陶俑

炒先把沙放进去炒熟，然后再把豆子放进去。放点香油熬一下，用筛子筛掉沙子。豆子松脆无比，大如龙眼核。或是加上油盐，或是砂仁酱，或是糖卤调拌食用，都可以。

豆腐

干豆，轻磨，拉去皮，簸净。淘，浸，磨浆，用绵绸沥出用布袋绞揿①，则粗。勿揭起皮取皮则精华去，而腐粗懈②，盐卤点就，压干者为上或用石膏点，食之去火，然不中庖厨制度③。北方无盐卤，用酸泔④。

【注释】

①揿（qìn）：同"揿"，按的意思。

②懈（xiè）：松懈，这里指豆腐没有劲道。

③不中：不符合。

④酸泔（gān）：用粟米等为原料制作而成的泔汁，可用来洗浴瘙疥，能杀虫；也可以饮用，能治痔；与臭樗（chū）一起煎熬服用，能治小孩消化不良和腹泻。

【译文】

把干豆子轻轻研磨，剥去豆皮，簸扬干净。淘洗、浸泡，磨成豆浆，用绵绸过滤出来用布袋绞拧，则豆腐质粗。豆腐做好后不要将豆腐皮揭掉揭掉豆腐皮则精华也随之失去，而且豆腐也变得粗糙、没有劲道，用盐卤点好，压干水分的豆腐是好豆腐也可以用石膏点豆腐，食用这样的豆腐可以去火，但不符合烹饪的常规。北方地区没有盐卤，就用酸泔代替。

【点评】

豆腐味甘咸、性寒，高蛋白，低脂肪，具有降血压、降血脂、降胆固醇的功效，可用于宽中益气、调和脾胃、消除胀满、通大肠浊气、清热散血，生熟皆可，老幼皆宜，是养生摄生、益寿延年的美食佳品。相传，豆腐是公元前164年中国汉高祖刘邦之孙——淮南王刘安所发明，在今刘安故里安徽省淮南市，每年9月15日，都有一年一度的豆腐文化节。根据1960年在河南密县打虎亭东汉墓发现石刻壁画，李约瑟《中国科学技术史》的著述者之一黄兴宗认为，这一东汉壁画描写的正是制造豆腐的过程，但汉代发明的豆腐未曾将豆浆加热，乃是原始豆腐，其凝固性和口感都不如当前的豆腐，因此未能进入烹调主流。

刘安

日本学者筱田统根据北宋陶谷所著《清异录》"为青阳丞，洁己勤民，肉味不给，日市豆腐数个"，认为豆腐或许起源于唐代。同时，日本传统的观点认为，唐代鉴真和尚在公元757年东渡日本时把制作豆腐的技术传入了日本，所以日本人视鉴真为祖师。时至宋代，豆腐制作技术日趋完善，更为世人所喜爱食用。北宋苏东坡《蜜酒歌答二犹子与王郎见和》诗云："脯青苔，炙青蒲，烂蒸鹅鸭乃瓠壶，煮豆作乳脂为酥。"南宋朱熹《豆腐》诗云："种豆豆苗稀，力竭心已腐。早知淮南术，安坐获泉布。"都是以豆腐为题材而作的。

关于豆腐的较早而又详细的制法见明代李时珍的《本草纲目》："凡黑豆、黄豆及白豆、泥豆、豌豆、绿豆之类，皆可为之。造法：水浸硙碎，滤去滓，煎成。以盐卤汁或山矾叶或醋浆、醋淀就，釜收之。又有入缸内以石膏末收者。"传统的豆腐是用石膏和卤水点成的，现代科学研究发现了比石膏和卤水更好的产品——葡萄糖酸内酯，用它点出的豆腐更加细嫩，味道和营养价值也更高，而且对身体绝对没有坏处，我们时常见到的内脂豆腐就是用它点成的。

建腐乳

如法豆腐，压极干。或绵纸裹①，入灰收干。切方块，排列蒸笼内。每格排好，装完，上笼，盖。春二三月，秋九十月，架放透风处浙中制法②：入笼，上锅蒸过，乘热置笼于稻草上，周围及顶俱以砻糠埋之③。须避风处。五六日生白毛。毛色渐变黑或青红色，取出，用纸逐块拭去毛翳④，勿触损其皮浙中法：以指将毛按实腐上，鲜。每豆一斗，用好酱油三斤。炒盐一斤入酱油内如无酱油，炒盐五斤。鲜色红曲八两⑤。拣净茴香、花椒、甘草，不拘多少，俱为末，与盐酒搅匀。装腐入罐，酒料加入浙中：腐出笼后，按平白毛，铺在缸盆内。每腐一块，撮盐一撮，于上淋尖为度。每一层腐一层盐。俟盐自化⑥，取出，日晒，夜浸卤内。日晒夜浸，收卤尽为度，加料酒入坛，泥头封好，一月可用。若缺一日，尚有腐气未尽⑦。若封固半年，味透，愈佳。

【注释】

①绵纸：一种用树木的韧皮纤维制成的纸，色白柔韧，纤维细长如绵，故称。

②浙中：指浙江地区。

③砻（lóng）糠（kāng）：稻谷经过砻磨脱下的壳。砻，亦称"礧子"，去掉稻壳的农具，形状如同石磨。这里指用砻去掉稻壳。糠，指从稻、麦等谷物上脱下的皮、壳。

④拭（shì）去毛黳（yì）：擦去腐乳白胚上生长的毛和斑。拭，揩擦。黳，这里指斑痕。

⑤红曲：用煮熟粳（jīng）米调和酒曲，密封使其发热而成，色鲜红。红曲味甘性温，有活血化瘀、健脾消食的功效，可供药食两用。脾阴不足及无食积瘀滞者慎用。能损胎。

⑥俟（sì）：等待，等候。

⑦尚有腐气未尽：豆腐中的豆腥味尚未完全消散。

【译文】

像制作豆腐的方法一样，把豆腐的水分压挤极干。也可以用绵纸包裹起来，放到灰堆里收干。切成方块，排放在蒸笼中。按格分屉地排好，装完，上笼蒸，过后盖起来。到了春天农历二、三月，或是秋季农历九、十月，把蒸笼移放在透风的地方浙江地区制作建腐乳的方法是：把豆腐放到蒸笼里，上锅蒸煮过后，趁热把蒸笼搁到稻草上面，蒸笼的四周和顶部都要用砻糠掩埋起来。一定要放在避风的地方。五六天过后，豆腐就长出白毛。白毛的颜色逐渐变成黑色或是深红色，这个时候，把豆腐拿出来，用纸一块一块地把上面的毛毛擦掉，注意不要把豆腐的表皮给碰坏了浙江地区的方法是：用手指把毛毛按捺在豆腐上面，能保留一点鲜味。每一斗豆腐，需用三斤质量好的酱油，再在酱油里放一斤的炒盐如果没有酱油，就需要准备五斤炒盐。准备好八两鲜色红曲。把茴香、花椒、甘草挑拣干净，用量不限，一概研磨成末，和盐、酒一起搅拌均匀。然后把豆腐装到罐子里，倒入料酒按浙江地区的方法：豆腐出笼之后，用手指把豆腐上面的白色毛毛按平，铺放在缸或盆里。每一块豆腐块，放炒盐一小撮，在豆腐上面出现淋尖作为限度。每一层豆腐放一层盐。

等盐自个儿融化之后，再把豆腐拿出来，白天放在太阳底下曝晒，夜里放在咸卤里浸泡。白天曝晒，晚上浸泡，一直到把卤汁收干为止，然后把料酒投到坛子，用泥把坛子口密封结实，等到一个月过后，就可以食用了。如果密封时间少一天，就还会有豆腐腥味散除不尽。如果密封贮藏半年，其味道就充分透进去了，更加可口。

【点评】

　　这里记载的是福建建宁腐乳的制作方法。腐乳，又称豆腐乳，是一种富有营养的微生物发酵大豆食品，至今已有一千多年的历史了，以其独特的工艺、细腻的品质、丰富的营养、可口的风味而深受广大群众的喜爱。魏晋时期，就已出现将干豆腐加盐制作腐乳的生产工艺。明清以来，腐乳渐为中国社会各阶层民众嗜食而广布全国各地，各地也大量地加工制作腐乳。较早详细记载腐乳制作方法的是明末李日华的《蓬栊夜话》和清初朱彝尊的《食宪鸿秘》两书。《蓬栊夜话》记载："黟县人喜于夏秋间醢腐，令变色生毛随拭之，候稍干，投沸油中灼过，如制徽法漉出……。"明代黟县治今安徽省祁门地区，相传那里做腐乳是很有名的。此后，有关腐乳加工方法的记载大为增加。清代许之凤辑《古今秘苑》卷四记载有"建宁腐乳"的制作方法："十月，用黄豆掠去壳，做豆腐。照豆腐划成块，取起，放筛内，以飞盐搽腐上。过一夜，然后划成小块，放日中略晒。入锅煮滚，取起，仍放入筛内略晒。入好酱中酱一夜，取出，洗净，略晒干。以酱油、酒酿、花椒末、红曲末拌和入瓮内，以花箬扎好，泥封固，数日即好吃。如过一个月，则其味全，入口细腻矣，久留不坏。"这里的腐乳属腌制腐乳，方法简便，没有发霉这道工序，风味稍为单调，不及发霉腐乳，但通过添加酒、酱等佐料进行调和，别有一番味道。如今，各省区普遍生产腐乳，市场品目不胜枚举，其中最负盛誉者，诸如北京"王致和"腐乳、上海"鼎丰"腐乳、桂林腐乳、江苏"新中"糟方腐乳、克东腐乳、青岛腐乳、绍兴"咸亨"腐乳、云南"路南"腐乳等，不下数十种。

熏豆腐

薰豆腐

得法豆腐压极干①，盐腌过，洗净，晒干。涂香油薰之②。

【注释】

①得法：获得正确的方法或找到窍门。

②薰：同"熏"。

【译文】

取制作得当的豆腐，把水分压挤掉，直至特别干，用盐腌渍，清洗干净，晒干，再涂抹上香油，然后熏制。

凤凰脑子

好腐腌过，洗净，晒干。入酒酿糟①，糟透，妙甚。

每腐一斤，用盐三两，腌七日一翻，再腌七日，晒干。将酒酿连糟捏碎，一层糟，一层腐，入坛内。越久越好。每二斗米酒酿，糟腐二十斤。腐须定做极干、盐卤沥者。

酒酿用一半糯米，一半粳米，则耐久不酸。

【注释】

①糟（zāo）：本指酒滓，做酒剩下的渣子，这里指用酒糟腌渍。

【译文】

取质量好的豆腐，腌渍过后，清洗干净，晒干。放到酒酿里糟渍，要充分糟渍，味道妙不可言。

每一斤豆腐，需要使用盐三两，腌渍七天就把豆腐翻个个，再腌七天，取出来晒干。将酒酿连同酒糟一起揉捏成碎末，一层糟上搁一层豆腐，放入坛子里。贮存时间越长越好。每二斗米酒酒酿，可以糟渍二十斤豆腐。豆腐一定需要用那种压制极干，并用盐卤点过的。

如果酒酿用的是一半糯米、一半粳米，则糟渍过的豆腐耐久而不酸。

糟乳腐

制就陈乳腐①，或味过于咸，取出，另入器内。不用原汁，用酒酿、甜糟层层叠糟，风味又别。

【注释】

①制就陈乳腐：做好的时间久的乳腐。陈，旧的，时间久的。

【译文】

做好了的时间久了的乳腐，可能味道会过于咸，取出来，放到另外的容器中。不使用原来的汤汁，而使用酒酿、甜糟一层一层地重叠糟渍，风味又有不同。

【点评】

在中国古代的"食单"、"本草"之类的书籍中，常可见到"乳腐"一词。长期以来，人们并不清楚"乳腐"究竟为何物，饮食文化学界对"乳腐"的解释也比较混乱。据刘朴兵《"乳腐"与豆腐》（发表于美国《饮食文化研究》2005年第3期）研究认为，"乳腐"亦名"乳饼"，即今之"奶豆腐"，它是胡汉饮食文化交流的产物，并认为豆腐的发明极有可能是受"乳腐"的启发所致。而《食宪鸿秘》所载"乳腐"，显然是一种用豆腐发酵而制成的豆制品，即今天我们所见的腐乳，作者把"乳腐"与"腐乳"二者混同了。

冻豆腐

严冬，将豆腐用水浸盆内，露一夜。水冰而腐不冻，然腐气已除①。

味佳。

或不用水浸，听其自冻，竟体作细蜂窠状^②。洗净，或入美汁煮，或油炒，随法烹调，风味迥别^③。

【注释】

①腐气：指豆腐中的腥味。

②竟体作细蜂窠(kē)状：整个豆腐呈现出细细蜂巢状的孔洞。竟，整个、从头到尾的意思。窠，昆虫、鸟兽的巢穴。

③迥(jiǒng)别：远远不同。迥，远。

【译文】

严冬时分，把豆腐放在盆里用水浸泡着，在室外放一夜。水结冰而豆腐没有上冻，但豆腐中的豆腥味已就此去掉了。味道很是不错。

也可以不用水浸，听其自然冰冻，整个豆腐就会呈现出细细蜂窠状的孔洞。清洗干净，或放入美味汤汁中煮食，或用油炒食，随便什么方法烹调，风味都很特别。

【点评】

冻豆腐由新鲜豆腐冷冻而成，其内部组织结构因为受冻发生了变化，形态呈现为蜂窝状，颜色变灰，孔隙多、弹性好、营养丰富，味道也很鲜美，且蛋白质、维生素、矿物质破坏较少，比较适合做火锅或者油炸熘炒。解冻并脱水干燥的冻豆腐又称海绵豆腐，含水量不到1%，易于保存。豆腐经过冷冻，也能产生一种破坏人体脂肪的酸性物质，有利于脂肪排泄、减肥瘦身。冻豆腐具有孔隙多、营养丰富、热量少等特点，不会造成明显的饥饿感，是肥胖者减肥的理想食品。但消瘦者不宜常吃冻豆腐。

酱油腐干

好豆腐压干，切方块。将水酱一斤_{如要赤，内用赤酱少许}，用水二斤同煎数滚，以布沥汁。次用水一斤，再煎前酱渣数滚以酱淡为度，仍布沥汁。去渣，然后合并酱汁，入香蕈、丁香、白芷、大茴香、桧皮各等分①，将豆腐同入锅煮数滚，浸半日。其色尚未黑取起，令干。隔一夜，再入汁内煮数次，味佳。

【注释】

①香蕈(xùn)：即香菇，又名"香菌"。富含维生素B群、铁、钾、维生素D。味甘、性平，在民间素有"山珍"、"植物皇后"美誉，有治疗益气不饥、食欲减退、少气乏力等功效。白芷(zhǐ)：简称"芷"，也称"辟芷"，根可入药。味辛性温，入肺、胃经，有祛风散寒、通窍止痛、消肿排脓、燥湿止带等功效。大茴香：又称大料，具有强烈香味，有驱虫、温中理气、健胃止呕、祛寒、兴奋神经等功效。桧皮：疑当为"桂皮"。

【译文】

质量好的豆腐，压干水分，切成方块。用一斤水酱如果要红颜色，里面要加少量赤酱，和两斤水一起煎煮，直到滚开数次，用布把汁液滤出。然后再用一斤水，再煎煮先前的酱渣，也直到滚开数次以酱味变淡为准，仍然用布把汁液滤出。去掉酱渣。然后把两次的酱汁合到一起来，放入香蕈、丁香、白芷、大茴香、桂皮，各自相等的用量，与豆腐一起放入锅里煮，煮到滚开数次，再浸泡半天。等豆腐颜色还没有变黑时，收起来，并把它晾干。隔一夜后，再放到酱汁里煮开数次，味道很好。

豆腐脯

好腐油煎，用布罩密盖，勿令蝇虫入。候臭过①，再入滚油内沸②，味甚佳。

【注释】

①候臭过：等油煎的豆腐发酵成为臭豆腐后。

②沸：本指水沸腾开滚，这里指油沸滚，引义为油炸。

【译文】

质量好的豆腐用油煎过，再用布罩严实地盖好，不要让蝇虫进入。等油煎的豆腐发酵成臭豆腐后，再把豆腐放到滚开的油锅里油炸，味道特别美妙。

豆腐汤

先以汁汤入锅，调味得所，烧极滚。然后下腐，则味透而腐活①。

【注释】

①腐活：指豆腐鲜嫩。

制豆腐场景一

【译文】

先把汤汁倒入锅中，各种调味也准备妥当，一起烧到特别滚开。然后把豆腐下到锅里，则豆腐十分入味而且也特别鲜嫩。

煎豆腐

先以虾米_{凡诸鲜味物}浸开，饭锅顿过，停冷，入酱油、酒酿得宜。候着。锅须热，油须多，熬滚，将腐入锅，腐响热透。然后将虾米并汁味泼下，则腐活而味透，迥然不同。

【译文】

先把虾米但凡各种有鲜味的食物都可以浸泡开来，放入饭锅中炖一下，晾凉之后，放入适量的酱油、酒酿。放在那儿等着使用。锅要烧得热，油要放得多一些，把油熬得滚开，拿豆腐

制豆腐场景二

放入锅里，豆腐滋滋作响，热透了。然后再把虾米和配好的调味汁浇在豆腐上，则豆腐变得十分鲜嫩，也十分入味，很是特别。

笋豆

鲜笋切细条，同大青豆加盐、水煮熟。取出，晒干。天阴炭火烘。再用嫩笋皮煮汤，略加盐，滤净，将豆浸一宿，再晒。日晒夜浸多次，多收笋味为佳。

【译文】

鲜笋切成细条，和大青豆一起，加盐、水煮熟。捞出来，晒干。如果天气阴湿，就用炭火烘干。再用鲜嫩笋皮炖汤，略微加点盐，过滤干净，把大青豆放到里面浸泡一夜，再拿到太阳底下曝晒。这样白天曝晒夜里浸泡多次，大青豆更多聚收了笋子的味道便为更好。

茄豆

生茄切片，晒干，大黑豆、盐、水同煮极熟。加黑沙糖①。即取豆汁，调去沙脚②，入锅再煮一顿③，取起，晒干。

【注释】

①沙糖：即砂糖。南宋陆游《老学庵笔记》卷六记载："沙糖中国本无之。唐太宗时外国贡至，问其使人：'此何物？'云：'以甘蔗汁煎。'用其法煎成，与外国者等。自此中国方有沙糖。"明代李时珍《本草纲目·果五·沙糖》集解引吴瑞语曰："稀者为蔗糖，干者为沙糖，球者为球糖，饼者为糖饼。"

②沙脚：沙糖渣。脚，剩下的废料、渣滓。

③一顿："一顷"之误，顷刻、片刻的意思。

【译文】

　　把生茄子切成片，晒干，和大黑豆、盐、水放到一起，煮到烂熟。加黑砂糖。随后取来豆汁，过滤掉砂糖渣滓，放到锅里再煮一会儿，捞出来，晒干。

蔬之属

京师腌白菜

　　冬菜百斤[1]，用盐四斤，不甚咸。可放到来春。由其天气寒冷，常年用盐，多至七八斤亦不甚咸。朝天宫冉道士菜[2]，一斤止用盐四钱。

　　南方盐齑菜[3]，每百斤亦止用盐四斤。可到来春。取起，河水洗过，晒半干，入锅烧熟，再晒干。切碎，上笼蒸透。再晒，即为梅菜[4]。

　　北方黄芽菜腌三日可用。南方腌七日可用。

【注释】

　　①冬菜：这里指冬天的白菜。

　　②朝天宫：遗址位于北京西城区阜城门内。明代宣德八年（1433）仿南京朝天宫式样建成，天启六年（1626）毁于火灾。清代尚有遗存。

　　③齑（jī）：同"齑"，捣碎的姜、蒜、韭菜等。

　　④梅菜：即梅干菜。

【译文】

　　一百斤冬天的白菜，用四斤盐腌，不是太咸。可以放到来年春天。由于天气寒冷，相比于平常用盐的量，多放到七八斤也不会太咸。北京朝天宫冉道士菜，一斤白菜只用四钱盐。

　　南方地区用盐腌齑菜，每一百斤也只用四斤盐。可以搁到来年春天。拿出来，用河水清洗干净，曝晒到半干，放到锅里烧熟，再晒干。切成碎丁，上到蒸笼蒸透。再取出来曝晒，即成梅菜。

北方的黄芽菜腌三天就可以用了。南方的要腌七天才能用。

腌菜法

白菜一百斤，晒干。勿见水。抖去泥，去败叶。先用盐二斤叠入缸。勿动手。腌三四日，就卤内洗^①。加盐，层层叠入坛内。约用盐三斤。浇以河水，封好。可长久腊月做。

【注释】

①就：凑近，靠近。

白菜

【译文】

白菜一百斤，晒干。不要碰到水。把泥抖掉，去掉干枯败叶。先用两斤盐叠铺缸底。不必用手翻动拨拉白菜。腌渍三四天之后，就着盐卤进行清洗。然后加盐，一层一层叠铺在坛内，大约需用三斤盐。最后用河水浇灌，把口密封起来。能够贮存很长时间在腊月里腌制。

又法

冬月白菜，削去根，去败叶，洗净，挂干。每十斤，盐十两。用甘草数根，先放瓮内，将盐撒入菜丫内，排入瓮中。入莳萝少许椒末亦可，以手按实，再入甘草数根。

将菜装满，用石压面。三日后取菜，翻叠别器内_{器忌生水}，将原卤浇入。候七日，依前法翻叠，叠实。用新汲水加入，仍用石压。味美而脆。至春间，食不尽者，煮晒干，收贮。夏月温水浸过，压去水，香油拌，放饭锅蒸食，尤美。

【译文】

冬天白菜，削去菜根，去掉干枯败叶，清洗干净，悬挂起来晾干。每十斤白菜，需用十两盐。准备几根甘草，先搁放在瓮里，然后把盐撒在白菜叶片之间，排放在瓮中。放入少量的莳萝花椒末也可以，用手按捺结实，再放入几根甘草。放入白菜把瓮填满，用石块压在最上面。三天之后，把白菜取出来，叠放到另外的容器中_{容器中最忌有生水}，用原来的卤汁浇进去。七天过后，依照前面的方法，把白菜取出来叠放到别的容器中，要叠压结实。用新打的水浇入，仍然用石块压在最上面。这样的腌白菜，味道美，有脆劲。到了春天，吃不完的，可以煮后晒干，收藏贮存起来。到了夏天，用温水浸泡后，压挤掉水分，用香油调和，放到饭锅里蒸着吃，味道特别美妙。

【点评】

腌制是很古老的蔬菜加工和贮藏方法，在我国已经有几千年的历史了。这里介绍了两种不同的腌白菜的方法。一种是腌白菜之前，不能让白菜碰到水。如果把菜一棵棵洗干净，晒干再腌，会影响它的味道。但这并不是不讲卫生，依据《食宪鸿秘》的记载，可以用盐渍出来的卤水来洗干净这些白菜。另一种腌白菜是在腌制之后先把菜洗干净。为了保证白菜味道不受影响，则需要先把白菜挂起来风干，在腌制时，需要伴入甘草、莳萝或椒末等佐料。腌白菜吃法主要有三种：一种是从坛子里取出即食，原汁原味，醇厚爽口；一种是蒸食，不必专门蒸，可以在做饭时顺便蒸，柔软可口，方便岁数较大的老人食用；一种是炒食，炒的时候放上少许其他东西，如鸡蛋、肉片或小鱼小虾，味道更好。

菜虀

　　大菘菜^{即芥菜}洗净^①，将菜头十字劈裂。菜菔取紧小者切作两半^②，俱晒去水脚^③，薄切小方寸片，入净罐。加椒末、茴香，入盐、酒、醋，擎罐摇播数十次^④，密盖罐口，置灶上温处。仍日摇播一晌。三日后可供。青白间错，鲜洁可爱。

【注释】

①菘（sōng）菜：一般是指大白菜，这里指芥菜。

②菜菔（fú）："莱菔"之误，即萝卜。

③水脚：水痕。

④播（bǒ）：摇，簸扬。

【译文】

　　把大菘菜^{即芥菜}清洗干净，将菜头以十字形状劈开。取长势结实的小个萝卜，切成两半，都要把水分晒干，切成方寸大小的薄片，放入干净的罐子里。再加花椒末、茴香，放入盐、酒、醋，把罐子举起来摇晃数十次，然后把罐子口密封盖好，放到灶台上气温稍高一点的地方。然后需要每天摇晃一会儿。三天之后，就可供食用了。青的白的，间隔交错，鲜嫩光洁，煞是可爱。

白菜葡萄图

【点评】

　　萝卜营养丰富，有很好的食用、医疗价值。民间有"冬吃莱菔夏吃姜，一年四季保安康"的说法。《本草纲目》记载："（萝卜）主吞酸，化积滞，解酒毒，散瘀血，甚效。末服治五淋；丸服治白浊；煎汤洗脚气；饮汁治下痢及失音，并烟熏欲死；生捣涂打扑、汤火伤。"

酱芥

拣好芥菜，择去败叶，洗净，将绳挂背阴处。用手频揉，揉二日后软熟。剥去边菜，止用心，切寸半许。熬油入锅，加醋及酒并少水烧滚，入菜。一焯过①，趁热入盆。用椒末、酱油浇拌，急入坛，灌以原汁。用凉水一盆，浸及坛腹，勿封口。二日，方扎口，收用。

【注释】

①焯（chāo）：把蔬菜放到沸水中略微一煮就捞出来。

【译文】

挑拣好点的芥菜，摘掉干枯败叶，清洗干净，用绳拴着悬挂在背阴的地方。用手不停地揉捏团弄，两天过后，就变得又软又熟。把外层的菜叶剥掉，只留菜心使用，并切成一寸半左右长。熬熟的油倒到锅里，加醋、酒和少量的水烧到滚开，把芥菜放进。焯过之后，趁热倒入盆里。用花椒末、酱油浇注调和，并快速装入坛子里，还用原来的汤汁灌入。再用一盆凉水，把坛子浸泡到半腰，不要密封坛口。两天过后，才可以扎紧坛口，收贮起来以备食用。

醋菜

黄芽菜去叶晒软。摊开菜心，更晒内外俱软。用炒盐叠一二日，晾干，入坛。一层菜，一层茴香、椒末，按实，用醋灌满。三四十日可用醋亦不必甚酽者①。各菜俱可做。

【注释】

①酽（yàn）：指汁液浓、味厚。

【译文】

把黄芽菜的叶子剥掉晒软。摊开菜心，要把里里外外都晒得变软。然后用炒盐渍一两天，晾干，装进坛子里。放一层菜，然后搁一层茴香、花椒末，按捺结实，用醋把坛子灌满。三四十天过后，就可以食用了醋也不一定需要特别浓厚的。可用于各式菜肴的烹饪使用。

【点评】

黄芽菜是大白菜的一个类群，共同特点是白皮包心，顶叶对抱，包心坚实，黄化程度高，故得名黄芽菜。黄芽菜味甘性平，有益元气、补胃、悦容颜等功效。黄芽菜秋种冬收，包心紧实，营养丰富，生食熟食皆宜，煮则汤若奶汁，炒则嫩脆鲜美，也适于贮藏，为冬季常备蔬菜。

姜醋白菜

嫩白菜，去边叶，洗净，晒干。止取头刀①、二刀，盐腌，入罐。淡醋、香油煎滚，一层菜，一层姜丝，泼一层油醋封好。

【注释】

①止取头刀：只用头刀白菜。头刀，第一刀，第一茬的意思，蔬菜种植上把第一茬收割上市的称为头刀菜，大都鲜嫩。

【译文】

把鲜嫩白菜外层的叶子剥掉，清洗干净，晒干。只取头刀、二刀的，用盐腌渍，装入罐子里。把淡醋、香油一起煎煮滚开，放一层白菜，搁一层姜丝，然后再泼一层煎煮好的油醋，密封好。

食宪鸿秘

覆水辣芥菜

芥菜，只取嫩头细叶长一二寸及丫内小枝。晒十分干，炒盐挐^①，挐透。加椒、茴末拌匀，入瓮，按实，香油浇满罐口或先以香油拌匀，更妙。但嫌累手故耳。俟油沁下菜面，或再斟酌加油。俟沁透，用箬盖面，竹签十字撑紧。将罐覆盆内，俟油沥下七八油仍可用，另用盆水，覆罐口入水一二寸。每日一换水，七日取起，覆罐干处，用纸收水迹，包好，泥封。入夏取出，翠色如生。切细，好醋浇之，鲜辣，醒酒佳品也。冬做夏供，夏做冬供。春做亦可。

【注释】

①挐（ná）：同"拿"，侵蚀，侵害，这里指用盐将芥菜腌渍一下。

【译文】

准备好芥菜，只取嫩头细叶长约一两寸的部分，以及枝叶里面的嫩叶。曝晒干透，然后用炒盐拿一拿味，要充分拿透。加花椒、茴香末搅拌均匀，装入瓮中，按捺结实，用香油浇满罐子也可以先用香油搅拌均匀，味道更好。没这么做，只是嫌累手罢了。等到香油沁到菜里，也可以酌量再加一点。等到香油沁透了芥菜，就用箬叶盖在最上面，把竹签叠成十字架撑紧罐子口。将罐子倒放在盆里，等香油沥出来七八成香油仍然可以使用，另外再准备一盆水，浸过倒放罐子的罐口一两寸。每天换一次水，七天过后，把罐子从盆里取出来，把罐子倒放在干燥的地方，用纸收干水迹，包扎好，用泥封住罐口。到了夏天，取出来，芥菜翠

芥

绿如生。切成细条，用质量好的醋浇泼，又鲜又辣，可以作为醒酒的好东西。如果是冬天做，就留到夏天食用；如果是夏天做，就留到冬天食用。也可以春天做。

撒拌和菜法

麻油加花椒，熬一二滚，收贮。用时取一碗，入酱油、醋、白糖少许，调和得宜。凡诸菜宜油拌者，入少许，绝妙。白菜、豆芽菜、水芹菜俱须滚汤焯熟①，入冷汤漂过②，抟干入拌③。菜色青翠，脆而可口。

【注释】

①焯（chāo）：把蔬菜放到沸水中略微一煮就捞出来。

②漂（piǎo）：用水冲洗去杂质。

③抟（tuán）干：用手将菜团起挤干。抟，把东西揉弄成球形。

【译文】

用麻油加上花椒，熬煮滚开一两次，收藏贮存起来。使用的时候，取一碗出来，倒入少量的酱油、醋、白糖，调和均匀。但凡各种菜肴适合用麻油掺拌的，就放少量调和好的麻油，味道特别美妙。白菜、豆芽菜、水芹菜，都一定需要用滚烫开水焯熟，再放到冷水里漂过，抟干后，和麻油搅拌。这样烹调出来的菜，色泽青翠，生脆可口。

细拌芥

十月，采鲜嫩芥菜，细切，入汤一焯即捞起。切生莴苣①，熟香油、芝麻、飞盐拌匀入瓮，三五日可吃。入春不变。

【注释】

①莴苣（jù）：又称"千金菜"、"石苣"，有叶用和茎用两类。叶用莴苣又称春菜、生

菜，茎用莴苣又称莴笋、香笋。莴苣性凉，味甘微苦，利五脏、通经脉，有增壮筋骨、祛除口臭、活血通乳、洁齿明目、清热利尿、镇痛催眠之功效。但莴苣也有微毒，经常食用能使人眼睛昏浊模糊，不可多食。不宜与奶酪、蜂蜜同食。寒病、痛风、泌尿道结石、眼疾患者不宜食用。

【译文】

农历十月，准备好鲜嫩的芥菜，切细，放到开水中焯一下就捞出来。然后把生莴苣切开，和着熟香油、芝麻、飞盐搅拌均匀，一起装入瓮中，三五天过后，就可以食用了。到了春天，也不会变质。

十香菜

苦瓜去白肉，用青皮。盐腌，晒干，细切十斤，伏天制，冬菜[①]去老皮，用心，晒干切十斤，生姜切细丝五斤，小茴五合炒，陈皮切细丝五钱，花椒二两炒，去梗目，香菜一把切碎，制杏仁一升，砂仁一钱，甘草、官桂各三钱共为末，装袋内，入甜酱酱之。

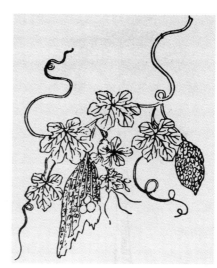

苦瓜

【注释】

①冬菜：依前文，这里或指冬天的白菜。

【译文】

十斤苦瓜去掉白色的瓜肉，留下青色的瓜皮使用。用盐腌渍，晒干，切成细丝。要在农历三伏天的时候制作，十斤冬菜去掉老皮，留下菜心使用。晒干后，切细，五斤生姜切成细丝，五合小茴香炒熟，五钱陈皮切成细丝，二两花椒炒熟，去掉椒梗，一把香菜切成碎末，一升制杏仁，一钱砂仁，甘草、官桂各三钱一同研磨成细末，装入袋子里，放到甜酱里酱制。

油椿

香椿洗净，用酱油、油、醋入锅煮过，连汁贮瓶用。

【译文】

把香椿清洗干净，用酱油、菜油、食醋放到锅里煮，然后连带煮汁收贮到瓶里食用。

淡椿

椿头肥嫩者，淡盐挲过，薰之。

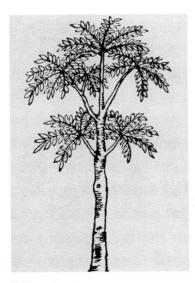

椿樗

【译文】

取香椿头又肥又嫩的，用轻淡的盐水拿渍过，然后熏制。

【点评】

椿头，这里指的是香椿树的嫩芽。中国古代称香椿为"椿"，称臭椿为"樗（chū）"。中国是世界上唯一以香椿嫩芽叶入馔的国家，人们食用香椿久已成习，汉代就遍布大江南北，香椿也因此被称为"树上蔬菜"。香椿不仅营养丰富，且具有较高的药用价值。香椿通常于清明前后开始萌芽，早春大量上市，因品质不同，可分为红芽和青芽两种。红芽红褐色，质好，香味浓，是供食用的重要品种；青芽青绿色，质粗，香味差。香椿含有丰富的维生素C、胡萝卜素等，有助于增强机体免疫功能，并有润滑肌肤的作用，是保健美容的良好食品。香椿味苦、涩，性平，入肝、胃、肾经，具有清热解毒、健胃理气、润肤明目、涩血止痢、杀虫止崩的功效，可用于疮疡、脱发、目赤、肺热咳嗽等病症，也可用于久泻久痢、痔便血、崩漏带下、治疮癣、疥癫等病症。一般人群都可以食用香椿。但香椿为发物，食用香椿也需要有所禁忌，多食容易诱使痼疾复发，慢性疾病患者应少食或不食。

附禁忌

赤芥有毒，食之杀人①。

三月食陈菹②，至夏生热病恶疮。

十月食霜打黄叶凡诸蔬菜叶，令人面枯无光。

檐滴下菜有毒③。

【注释】

①杀人：指人被赤芥毒死。

②陈菹（zū）：陈年久放的酸菜或腌菜。菹，剁成酱，切碎，这里指酸菜、腌菜。

③檐滴：屋檐滴下的雨水。

【译文】

芥菜发红，有毒，人食用了之后，容易中毒。

农历三月，食用陈年的酸菜或腌菜，到了夏天，容易发热病、生恶疮。

农历十月，食用霜打过后变黄的菜叶但凡各类蔬菜叶都是如此，使人面容枯干没有光泽。

屋檐水滴过的菜，有毒。

【点评】

这里介绍的是饮食上应避免的事物。"檐滴下菜有毒"这一饮食禁忌，在南朝梁陶弘景《登真隐诀》中早有记载："生人发挂果树，乌鸟不敢食其实。瓜两鼻两蒂，食之杀人。檐下滴菜有毒堇,黄花及赤芥,杀人。"

王瓜干

王瓜^①,去皮劈开,挂煤火上,易干_{南方则灶侧及炭炉畔}。

染坊沥过淡灰,晒干,用以包藏生王瓜、茄子,至冬月,如生^②,可用。

【注释】

①王瓜:即黄瓜,也称胡瓜、刺瓜、青瓜。

②如生:如同新鲜的一样。生,本指植物果实不成熟,这里指新鲜的。

【译文】

把黄瓜去掉皮,切开,挂在煤火顶上,容易燥干_{南方地区则放在锅灶旁边或炭炉附近}。

取染坊沥过淡灰色的布,晒干,用来包裹收藏生黄瓜、茄子,到了冬天,如同新鲜一样,可供食用。

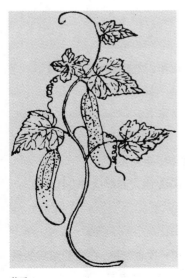

黄瓜

酱王瓜

王瓜,南方止用腌菹^①,一种生气,或有不喜者。唯入甜酱酱过,脆美胜于诸瓜。固当首列《月令》^②,不愧隆称^③。

【注释】

①止用腌菹(zū):只是用盐来腌制。腌,这里指用盐腌,不是酱腌。

②首列《月令》:指黄瓜原本就作为前列而被收录在《月令》篇中。《礼记·月令》记载:"孟夏之月……蝼

蝈鸣，蚯蚓出，王瓜生，苦菜秀。"《月令》,《礼记》中的一篇，记载有多种果瓜蔬菜。

③隆称：盛誉。

【译文】

在南方地区，黄瓜只是用来腌制食用，有一种生黄瓜的气味，有的人是不喜欢的。只有放到甜酱里酱制过，才比其他种类的瓜更为生脆味美。也因为如此，黄瓜原本就作为前列而被收录在《月令》篇中，不愧盛誉。

食香瓜

生瓜，切作棋子，每斤盐八钱，加食香同拌①。入缸腌一二日取出，控干，复入卤。夜浸日晒，凡三次，勿太干。装坛听用。

【注释】

①食香：或指荞草。荞草，又名十香菜、石香菜、麝香菜。以红梗长椭圆叶为最佳，青梗长叶次之，大椭圆叶略类薄荷者再次之。其香味浓醇却不腻，性温味辛，入肺经、肝经，有祛除口臭、开胃健脾的功效。

【译文】

把生的瓜切成棋子状的小块，每斤瓜用八钱盐，加食香一起搅拌。放到缸里腌渍一两天，然后取出来，控干，再放到盐卤中。就这样，夜里用盐卤浸渍，白天曝晒，来回三次，不要晒得太干。装到坛子里，听候使用。

上党甜酱瓜

好面，用滚水和大块，蒸熟，切薄片。上下草盖，一二七发黄①。日晒夜收，干了，磨细面，听用。

大瓜三十斤，去瓤，用盐一百二十两，腌二三日，取出，晒去水气，将盐汁亦晒日许，佳。拌面入大坛。一层瓜，一层面，纸箬密封^②，烈日转晒^③。从伏天至九月。计已熟，将好茄三十斤，盐三十两，腌三日。开坛，将瓜取出，入茄坛底，压瓜于上，封好。食瓜将尽，茄已透。再用腌姜量入。

【注释】

①一二七发黄：经过七天到十四天，面片就成了面黄。七，指七天。

②纸箬（ruò）：绵纸和箬叶。

③烈日转晒：将菜坛放在烈日下，一面晒，一面转动，使其四面均能晒到。

【译文】

用滚开的水把好面和成一大块，蒸熟，然后切成薄片。上下都要用草铺盖起来，经过七天到十四天，面片就罨成了面黄。白天曝晒，夜里收贮，等面黄干透之后，研磨成细细面粉，听候使用。

取三十来斤大瓜，去掉瓜瓤，用一百二十两盐腌渍，两三天过后取出来，把水气晒掉，把盐汁曝晒一天左右，更好。把面粉拌入大的坛子里。一层瓜，一层面，用绵纸箬叶密封起来，在烈日下转动着曝晒。从农历六月伏天至农历九月。计算着差不多已经熟了，再取三十斤质量好的茄子，用三十两盐，腌上三天。这时再打开坛子，把瓜取出来，把茄子放在坛底，把瓜压在茄子上，密封好。在快要把瓜吃光的时候，茄子也刚好熟了。再酌量用点腌姜拌入。

酱瓜茄

先以酱黄铺缸底一层，次以鲜瓜茄铺一层，加盐一层，又下酱黄，层层间叠。五七宿^①，烈日晒好，入坛。欲作干瓜，取出晒之不用盐水。

【注释】

①五七宿（xiǔ）：指五到七天。

【译文】

先在缸底铺一层酱黄，然后再铺一层鲜嫩瓜、茄子，再铺一层盐，过后再铺一层酱黄，层层间隔叠铺。五到七天之后，放在烈日下曝晒，装入坛子中。如果想制作干瓜，就取出来晒干不需要使用盐水。

瓜虀

生菜瓜，每斤随瓣切开，去瓤，入百沸汤焯过[1]，用盐五两擦、腌过。豆豉末半斤，酽醋半斤，面酱斤半，马芹、川椒、干姜、陈皮、甘草、茴香各半两[2]，芜荑二两[3]，共为细末，同瓜一处拌匀，入瓮，按实。冷处顿放[4]。半月后熟，瓜色明透如琥珀，味甚香美。

【注释】

①百沸汤：久沸的水。

②马芹：即芫荽，又名香菜、芫菪、芫荽等。芫荽最早叫"胡荽"，清代汪灏《广群芳谱》卷十三"蘪荽"条记载："（'荽'，许氏《说文》作'葰'，云'姜属'，可以香口）一名香荽，一名胡荽，一名胡菜，处处种之。茎青而柔，叶细有花岐。立夏后开细花成簇如芹菜花，淡紫色。五月收子如大麻子，亦辛香。子叶俱可用，生熟俱可食，甚有益于世者。根软而白，多须，绥绥然，故谓之'荽'。张骞得种于西域，故名'胡荽'。后因石勒讳胡，改作'香荽'。又以茎叶布散，呼为'蘪荽'。"芫荽富含挥发油、维生素C、苹果酸钾等，入食后可增加胃液分泌，增进食欲，调节胃肠蠕动，提高消化功能。中医认为，芫荽性味辛、温，入肺、脾经，起表出体外又可开胃消郁还可止痛解毒，有发汗透疹，消食下气之功，适用于感冒、小儿麻疹或风疹透发不畅、饮食积滞、消化不良等。川椒：花椒的一类。味辛性温，入脾、胃、肾经，含挥发油、淄醇、不饱和有机酸，有芳香健胃、温中散寒、除湿止痛、杀虫解毒、止痒解腥的功效，可用于去除肉类腥气、治疗脘腹冷痛吐泻、虫积腹

痛、湿疮瘙痒、降低血压、驱蛔虫等。

③芜荑(yí)：味辛、苦、平，具有杀虫消积、除湿止痢攻效。宋代寇宗奭《本草衍义》记载说："芜荑，有大小两种，小芜荑即榆荚也。揉取仁，酝为酱，味尤辛。入药当用大芜荑，别有种。"

④顿放：安放，置放的意思。

【译文】

取生的菜瓜，每斤都随瓣切开，去掉瓜瓤，放到久沸的开水中焯过，然后用五两盐揉擦、腌渍。再准备半斤豆豉末，半斤浓醋，半斤面酱，把马芹、川椒、干姜、陈皮、甘草、茴香各半两，合二两芜荑，一起研磨成细末。所有这些佐料与菜瓜放到一处，搅拌均匀，装入瓮里，按捺结实。放置在气温低的地方。半个月过后，瓜齑就熟了。瓜齑的颜色如同琥珀一般晶莹透明，味道特别香美。

【点评】

齑(jī)，同"齑"，捣碎的姜、蒜、韭菜等。南宋周辉《清波别志》卷中记载："赵州瓜齑，自昔著名，瓜以小为贵，味甘且脆。……恽北征亦得品尝，仍携数枚归家。仆李太者，夙俾治酱，因得渍瓜法。"所谓的"瓜齑"，就是指伴着细碎的姜、蒜之类的佐料而酱渍成的瓜。《说郛》卷十四引北宋张师正《倦游杂录》还记载："山东乡里食味好以酱渍瓜齑，谓之瓜齑。"北宋孟元老《东京梦华录·食店》也记载："又有菜面……荷包白饭，旋切细料馉饳儿、瓜齑、萝卜之类。"北宋陈东有《谢温州黄仲达送鄂州瓜齑》诗云："黄夫子从汶上来，三束瓜齑送风土。应知我亦困齑盐，肯食沽酒与市脯。"这里的瓜齑以菜瓜为原料，菜瓜即越瓜。明代李时珍《本草纲目》曰："越瓜，以地名

越瓜

也。俗名稍瓜，南人呼为菜瓜。"越瓜南北皆有。二三月下种，生苗就地引蔓，青叶黄花，并如冬瓜花叶而小。夏秋之间结瓜，有青白二色，大如瓠子。一种长者至二尺许，俗呼羊角瓜。其子状如胡瓜，子大如麦粒。其瓜生食可充果蔬，酱、豉、糖、醋藏浸皆宜。亦可作菹。"气味甘寒，无毒，主治利肠胃，止烦渴，利小便，去烦热，解酒毒，宣泄热气，烧灰傅口吻疮及阴茎热疮，和饭作鲊，久食益肠胃。生食多冷中动气，令人心痛，脐下症结，发诸疮，又令人虚弱不能行，不益小儿天行。病后不可食。又不得与牛奶酪及鲊同食。时珍曰："按，萧子真云菜瓜能暗人耳目，观驴马食之即眼烂可知矣。"

附禁忌

凡瓜两鼻两蒂[①]，食之杀人。

食瓜过伤，即用瓜皮煎汤解之。

【注释】

①鼻：指花或瓜果的柄或蒂。蒂（dì）：花或瓜果与枝茎相连的部分。

【译文】

凡是瓜果长有两个柄蒂的，人吃了之后，就会中毒。

如果吃瓜过多，伤了肠胃脾脏，就喝一点用瓜皮煮的水来舒解一下。

【点评】

"瓜两鼻两蒂，食之杀人"的饮食禁忌，在南北朝时期的文献中就已有记载。南朝梁陶弘景《登真隐诀》记载已见前引，北魏贾思勰《齐民要术·种瓜》记载："《龙鱼河图》曰：'瓜有两鼻者杀人。'"唐代段成式《酉阳杂俎·广知》也记载："瓜两鼻两蒂，食之杀人。"

伏姜

伏月[①]，姜腌过，去卤，加椒末、紫苏、杏仁、酱油，拌匀，晒干入坛。

【注释】

①伏月：指农历六月。农历六月三伏天，故得名。

【译文】

在农历六月三伏天，把姜腌渍过后，去掉卤汁，加上花椒末、紫苏叶、杏仁、酱油，搅拌均匀，晒干，装入坛子。

糖姜

嫩姜一斤，汤煮，去辣味过半。砂糖四两，煮六分干，再换糖四两。如嫌味辣，再换糖煮一次或只煮一次，以后蒸顿皆可。略加梅卤，妙。

剩下糖汁可别用。

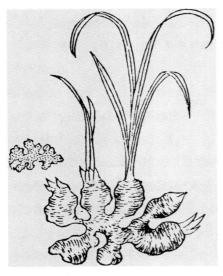

生姜

【译文】

一斤鲜嫩生姜，用开水煮过，去掉大半的辛辣味道。放四两砂糖一起煮成六分干，过后再放四两砂糖煮。如果嫌姜味还是太辣，就再放砂糖煮一次也可以只煮一次，以后放砂糖时，蒸、炖，都可以。少加些梅卤，味道更妙。

剩下来的糖汁可以留作他用。

五美姜

嫩姜一斤，切片，白梅半斤打碎去仁，炒盐二两，拌匀，晒三日。次入甘松一钱、甘草五钱、檀香末二钱拌匀，晒三日，收贮。

【译文】

一斤鲜嫩生姜,切成薄片,和半斤白梅敲碎,去掉核仁、二两炒盐一起搅拌均匀,曝晒三天。然后放入一钱甘松、五钱甘草、二钱檀香末,同样一起搅拌均匀,再曝晒三天,收藏贮存起来。

糟姜

姜一斤,不见水,不损皮,用干布擦去泥。秋社日前①,晒半干。一斤糟、五两盐,急拌匀,装入坛。

【注释】

①秋社日:即"秋社",古代民间于秋季祭祀土地神的日子。秋社始于汉代,在立秋后第五个戊日,收获已毕的时节。后世秋社渐微,其内容多与中元节(七月十五)合并。

【译文】

取一斤生姜,不要碰到水,不要损坏了表皮,用干布把姜上的泥土擦掉。在秋社前夕晒至半干。用一斤酒糟、五两盐,快速搅拌均匀,装入坛中。

又急就法①

社前嫩姜②,不论多少,擦净,用酒和糟、盐拌匀,入坛。上加沙糖一块。箬叶包口,泥封。七日可用。

【注释】

①急就:急速制成,速制。

②社前:秋社之前。

【译文】

取秋社前夕的鲜嫩生姜,不管多少,都要擦得干干净净,然后用酒和酒糟、盐搅拌均匀，放到坛子里。姜的上面加上一块砂糖。用箬叶包扎坛口，用泥密封。七天过后，就可以食用了。

法制伏姜 姜不宜日晒，恐多筋丝。加料浸后晒，则不妨

姜四斤，剖去皮，洗净，晾干，贮磁盆。入白糖一斤、酱油二斤、官桂、大茴、陈皮、紫苏各二两，细切，拌匀。初伏晒起，至末伏止收贮。晒时用稀红纱罩，勿入蝇子。此姜神妙，能治百病。

【译文】

四斤生姜，剖掉表皮，清洗干净，晾干，贮存在瓷盆中。放入一斤白糖、两斤酱油，官桂、大茴香、陈皮、紫苏各二两，各自切成细丝，搅拌均匀。初伏天开始曝晒，到末伏天收藏贮存起来。曝晒时，用孔洞较稀的红色纱罩罩住，不要让蝇子进入。这种姜很是奇妙，能治百病。

【点评】

《论语·乡党》有"不撤姜食"的记载，足见圣人孔子对姜是极其喜爱的。姜包括生姜和干姜，是日常烹饪常用佐料之一。姜肉、姜叶、姜皮皆可佐膳，也可入药。生姜味辛性温，具有散寒祛风、发表祛痰、止呕消瘀、利湿健胃等功效，可以用于风寒感冒、呕吐胀满、消化不良等，有"呕家圣药"的美誉。此外，生姜芽还有个别名叫"仙草"、"还魂草"，而姜汤也随之称作"还魂汤"。干姜味辛性热，具有温中去寒、散瘀止痛、回阳通脉等功效，可以用于中焦虚寒、心腹冷痛、肢冷脉微、风寒湿痹、犯肺喘咳等症。依据中医学理论，干姜是助阳之品，自古以来中医素有"男子不可百日无姜"之语。北宋苏轼《东坡杂记》记载，杭州钱塘净慈寺高寿和尚，面色童相，"自言服生姜四十年，故不老云"。这里的"生姜"，是指干姜。姜皮具有去湿消肿、调和脾胃等功效；姜叶具有祛湿、散瘀、消积等功效，可用于食积、跌打损伤等。

明代缪希雍《本草经疏》："久服损阴伤目。阴虚内热，阴虚咳嗽吐血，表虚有热汗出，

自汗盗汗，脏毒下血，因热呕恶，火热腹痛，法并忌之。"凡属阴虚火旺、目赤内热者，或患有痈肿疮疖、肺炎、肺脓肿、肺结核、胃溃疡、胆囊炎、肾盂肾炎、糖尿病、痔疮者，都不宜长期食用生姜。不要吃腐烂的生姜。腐烂的生姜会产生一种毒性很强的物质，可使肝细胞变性坏死，诱发肝癌、食道癌等，烂姜不烂味的说法是不科学的。吃生姜并非多多益善。夏季天气炎热，人们容易口干、烦渴、咽痛、汗多，生姜性辛温，属热性食物，根据热者寒之的原则，不宜多吃。

附禁忌

妊妇食干姜①，胎内消。

【注释】

①妊（rèn）妇：孕妇。妊，怀孕。

【译文】

孕妇食用干姜，能使胎内消。

糟茄

诀曰：五糟五斤也六茄六斤也盐十七十七两，一碗河水水四两甜如蜜。做来如法收藏好，吃到来年七月七二日即可供。霜天小茄肥嫩者，去蒂萼①，勿见水，用布拭净，入磁盆，如法拌匀。虽用手，不许揉挐②。三日后，茄作绿色，入坛。原糟水浇满，封半月可用。色翠绿，内如黄蚋色③，佳味也。

【注释】

①萼（è）：在花瓣下部的一圈叶状绿色小片。

②揉（róu）挐（ná）：揉，团弄。挐，同"拿"。

茄子

③黄蚋(ruì)色：黄蚋一样的颜色。蚋，双翅目蚋科昆虫，成虫形似蝇而小。

【译文】

歌诀曰：五糟五斤酒糟六茄六斤茄子盐十七盐十七两，一碗河水四两河水甜如蜜。做来如法收藏好，吃到来年七月七腌渍两天之后就可供膳食。取霜降时节个小的肥肥嫩嫩的茄子，去掉茄蒂花萼，不要碰到水，用布擦拭干净，放到瓷盆里，按照歌诀中的方法搅拌均匀。即使用手搅拌，也不要团弄揉捏。三天过后，茄子变成绿色，放入坛子里。用原来的糟浆灌满，密封半个月后就可供食用了。糟茄色泽翠绿，内里如黄蚋颜色一般，菜肴中的一道美味啊。

又方

中样晚茄①，水浸一宿，每斤盐四两，糟壹斤。

【注释】

①晚茄：晚熟的茄子。

【译文】

取中等大小的晚熟茄子，用水浸泡一夜。每一斤茄子用四两盐、一斤酒糟。

【点评】

糟茄的烹饪，在元明之际已经流行，类似记载可见明代邝璠《便民图纂》等书。糟茄色泽翠绿，其味鲜美，具有清热解毒、散血消肿等功效。根据现代科学研究，茄子还可以防止癌细胞的形成，其中的松烯可以抑制细胞癌变，对食管癌有一定疗效。茄子还含有蛋白酶控制剂,实验显示,常吃茄子的人很少患胃癌。茄子中的合成物东茛宕碱和金雀花酮具有明显的抑制痉挛的作用。

蝙蝠茄 味甜

霜天小嫩黑茄,用笼蒸一炷香①,取出,压干。入酱一日,取出,晾去水气,油炸过。白糖、椒末层叠装罐,原油灌满②。

油炸后,以梅油拌润更妙 梅油即梅卤。

【注释】

①一炷香:指烧一炷香的时间。常说的一炷香时间,大约半个时辰,即一个小时。

②原油:指最初使用的卤汁。

【译文】

取霜降时节又小又嫩的黑色茄子,用蒸笼蒸一个小时左右,取出来,榨干水分。放到酱里,一天后取出来,把水气晾干,用油炸过。一层白糖、花椒末一层茄子堆叠装进罐子里,用原来炸茄子的油灌满。

油炸过后,用梅油搅拌滋润,味道更是美妙 梅油也就是梅卤。

香茄

嫩茄,切三角块,滚汤焯过,稀布包,榨干。盐腌一宿,晒干。姜、橘、紫苏丝拌匀,滚糖醋泼。晒干,收贮。

【译文】

把鲜嫩的茄子切成三角块状,放到滚烫的开水中焯过,用细葛布包好,榨干水分。用盐腌渍一夜,晒干。然后用姜、橘皮、紫苏丝搅拌均匀,再用滚开的糖醋浇泼上去。再晒干,收藏贮存起来。

山药

不见水，蒸烂，用箸搅如糊①。或有不烂者，去之。或加糖，或略加好汁汤者为上②。其次同肉煮。若切片或条子，配入羹汤者，最下下庖也③。

【注释】

①箸（zhù）：筷子。

②为上：为最好。上，等级和质量高的。

③最下下庖（páo）：最差的烹饪方法。庖，本指厨师，这里指烹饪技法。

【译文】

山药不要碰到水，蒸得烂透，用筷子搅拌成糊糊。如果有没蒸熟烂透的，就去掉它。或是加糖，或是略微加一点质量好的汤汁，是最好的。其次是和肉一起煮。如果把山药切成片或是条子，作为配料放到羹汤里，这是烹制山药的最差方法。

煨冬瓜

老冬瓜，切下顶盖半尺许，去瓤，治净。好猪肉，或鸡、鸭，或羊肉，用好酒、酱油、香料、美味调和①，贮满瓜腹。竹签三四根，仍将瓜盖签好。竖放灰堆内，用砻糠铺②，应及四围，窝到瓜腰以上。取灶内灰火，周围培筑，埋及瓜顶以上。煨一周时③，闻香取出。切去瓜皮，层层切下供食，内馔外瓜④，皆美味也。

【注释】

①调和：调味用的佐料。

②砻糠(lóng kāng)：稻谷经过砻磨脱下的壳。砻，又名"木礧(léi)"、"礧子"，去掉稻壳的农具，形状如同石磨，多以木料制成，这里指用砻去掉稻壳。

③煨(wēi)：用微火慢慢地煮，或在带火的灰里烧熟东西。一周时：满一个时辰，即满两个小时。

④馔：食物，菜肴。

【译文】

取老冬瓜一个，从顶盖切下半尺左右，去掉瓜瓤，处理干净。用质量好的猪肉，或用鸡肉、鸭肉，或用羊肉，用质量好的料酒、酱油、香料、美味佐料调和好，填满填实冬瓜。再用三四根竹签，把冬瓜顶盖签缝盖好。把签缝好的冬瓜竖放在灰堆里面，底下铺上稻糠麦皮，冬瓜周围也应铺上，一直铺到瓜腰以上。然后取灶内的热灰火，堆放在冬瓜四周，培好筑实，一直埋到瓜顶以上。煨上两个小时，闻到香味后，就把冬瓜从灰堆中取出来。把瓜皮切掉，再一层一层切下瓜肉食用，里面是佳肴，外面是瓜肉，都是美味啊。

酱麻菇

麻菇，择肥白者洗净，蒸熟。酒酿、酱油泡醉①，美。

【注释】

①泡醉：用酒把食物充分浸泡使其充满酒味。

【译文】

挑选又肥又白的麻菇，清洗干净，放到蒸笼中蒸熟。然后用酒酿、酱油泡醉，味道鲜美异常。

【点评】

麻菇是高温型草菇类食用菌，味道鲜美，性味甘、凉，富含蛋白质和多种氨基酸，具有益肠胃，补气血之功效，适宜于久病体弱、消化不良、面色萎黄者食用。

醉香蕈

拣净，水泡，熬油锅炒熟。其原泡出水澄去滓，乃烹入锅，收干取起。停冷，用冷浓茶洗去油气，沥干。入好酒酿、酱油醉之，半日味透。素馔中妙品也。

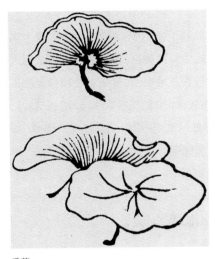

香蕈

【译文】

把香菇挑拣干净，用水浸泡，然后熬热油，把香菇炒熟。澄清原来浸泡香菇的水，过滤掉渣滓，倒入锅中烹煮，收干汤汁，把香菇起锅取出。停放一阵子变凉后，用冷的浓茶把油气淘洗掉，沥干水分。加入质量好的酒酿、酱油腌醉，半天之后就入味了。这道菜是素食中的奇妙精品啊。

【点评】

这是一道清淡别致的菌菇冷碟。香蕈，即香菇，在民间素有"山珍"、"植物皇后"美誉，有治疗益气不饥、食欲减退、少气乏力等功效。用凉的浓茶洗去香菇的油气，这正是醉香菇的特别之处。将香菇泡开之后，先油炒、汁养，然后茶洗、沥干，最后入酒酿、酱油中醉拌，不仅味香色美，而且不油腻。

笋干

诸咸淡干笋，或须泡煮，或否，总以酒酿糟糟之[①]，味佳。硬笋干，用豆腐浆泡之易软，多泡为主。

【注释】

①总：无论如何，不管怎样。

【译文】

各类咸的淡的干竹笋，或是需要浸泡熬煮，或是不需要，不管怎样，用酒酿糟腌渍起来，味道都会更好。硬的笋干，用豆腐浆汁浸泡，容易变软，所以多以浸泡为主。

笋 粉

鲜笋老头不堪食者，切去其尖嫩者供馔。其差老白而味鲜者①，看天气晴明，用药刀如切极薄饮片②，置净筛内，晒干至晚不甚干，炭火微薰。柴火有烟不用。干极，磨粉，罗过收贮。或调汤或顿蛋腐或拌臊子细肉③，加入一撮，供于无笋时，何其妙也。

【注释】

①差老：不算太老。

②饮片：中成药的原料，是中药材经过按中医药理论、中药炮制方法，经过加工炮制后的，可直接用于中医临床的中药。

③顿蛋腐：即炖鸡蛋，也称"蒸蛋羹"，详见后文"蛋腐"条。顿，用同"炖"。臊（sào）子：肉末或肉丁。

【译文】

取新鲜竹笋中长得老的不能食用的，用刀切下笋尖上较嫩的部分以供食用。竹笋中不算太老，色白而味道尚鲜的，看天气晴朗与否，用切中药的刀切得像极薄的中药饮片那样薄，放在干净的筛子里，一直晒到干透到了晚上晒得还不够干，要用炭火小火烘干。柴火有烟，不能使用。笋片干透后，研磨成粉，用罗筛过，收藏贮存起来。笋粉或者用来调汤，或者用来蒸蛋羹，或者用来搅拌臊子肉，加上一小撮，在没有竹笋时供应膳食，何其美妙啊！

木耳

洗净，冷水泡一日夜。过水^①，煮滚，仍浸冷水内。连泡四五次，渐肥厚而松嫩。用酒酿、酱油拌醉为上。

【注释】

①过水：指把木耳放进水里煮。

【译文】

把木耳清洗干净，放在冷水中浸泡一天一夜。然后把木耳放进水里，煮到滚开，捞出来，仍然浸泡在冷水当中。连续热水煮冷水浸泡四五次，木耳就逐渐变得肥大丰厚，而且松软柔嫩。用酒酿、酱油搅拌腌醉为最佳选择。

薰蕈

南香蕈肥大者，洗净，晾干。入酱油浸半日，取出搁稍干。掺茴、椒细末，柏枝薰。

【译文】

取南方又肥又大的香菇，清洗干净，晾干。然后放到酱油里浸泡半天，取出来搁置一会儿，直到香菇稍干一些。最后，掺入茴香、花椒的细末，再用柏树枝熏制。

生笋干

鲜笋，去老头，两劈，大者四劈，切二寸段。盐揉过^①，晒干。每十五斤成一斤。

【注释】

①揉（róu）：团弄，这里指用盐揉搓腌渍。

【译文】

新鲜竹笋，去掉老头，劈成两半，大的竹笋就劈成四半，切成两寸长的笋段。用盐揉搓腌渍过后，晒干。每十五斤新鲜竹笋，可以制成一斤生笋干。

笋鲊

早春笋，剥净，去老头，切作寸许长，四分阔，上笼蒸熟。入椒盐、香料拌，晒极干天阴炭火烘。入坛，量浇熟香油，封好，久用。

【译文】

取早春时分的竹笋，剥干净，去掉老头，切成寸把长、四分宽的笋片，放到蒸笼里蒸熟。再放入椒盐、香料搅拌，曝晒到特别干天气阴湿时用炭火烘干。然后放入坛中，酌量浇一点熟香油，密封完好，可供食用很长时间。

糟笋

冬笋，勿去皮，勿见水，布擦净毛及土或用刷牙细刷。用箸搠笋内嫩节①，令透。入腊香糟于内②，再以糟团笋外，如糟鹅蛋法。大头向上，入坛，封口，泥头。入夏用之。

【注释】

①搠（shuò）：扎、刺的意思。

②腊香糟：腊月酿制的香糟。香糟，酿制黄酒剩下的酒糟再经封陈半年以上，即为香糟，香味浓厚，有与醇黄酒同样的调味作用。

笋竹图

【译文】

冬笋，不要去皮，不要碰到水，用布擦干净表层的柔毛以及尘土也可以用刷牙用的细小的刷子。再用筷子扎刺笋子里面的细嫩的竹节，让竹笋里面上下通透。把腊月酿制的香糟放在里面，再用香糟包裹住竹笋的外面，如同"糟鹅蛋"的方法一样。竹笋要大头朝上，放到坛子中，密封坛口，用泥把坛口糊住。等到入夏的时候，再来食用。

【点评】

竹笋原产于中国，自古被视为"菜中珍品"，清代李渔《闲情偶寄》把竹笋誉为"蔬食中第一品"。其种类繁多，大致可分为冬笋、春笋、鞭笋三类：冬笋为毛竹冬季生于地下的嫩笋，白色，质嫩，味美；鞭笋为毛竹夏季生长在泥土中的嫩杈头，状如马鞭，色白，质脆，味微苦而鲜。

竹笋性味寒、甘，部分竹笋味微苦。竹笋富含蛋白质、氨基酸、脂肪、糖类、钙、磷、铁、胡萝卜素和维生素B1、维生素B2、维生素C等多种营养物质，而且有较高的药用价值，具有清热化痰、益气和胃、治消渴、利水道、利膈爽胃等功效。竹笋还具有低脂肪、低糖、多纤维的特点，食用竹笋不仅能促进肠道蠕动，帮助消化，去积食，防便秘，并有预防大肠癌的功效。冬笋更可解毒，治小儿痘疹不出。

醉萝卜

冬细茎萝卜实心者，切作四条。线穿起，晒七分干。每斤用盐二两腌透_{盐多为妙}，再晒九分干，入瓶捺实，八分满。滴烧酒浇入，勿封口。数日后，卜气发臭，臭过，卜作杏黄色，甜美异常_{火酒最拔盐味①，盐少则一味甜，须斟酌}。臭过，用绵缕包老香糟塞瓶上更妙②。

【注释】

①拔：吸出。

②绵缕：棉纱。

【译文】

冬天里取茎细心实的萝卜，切成四条，用线穿起来，晒到七成干。每斤萝卜用二两盐充分腌渍_{盐多为好}，再晒到九成干，放到瓶子里按捺结实，装到八分满。滴入烧酒浇灌，不要密封瓶口。几天过后，萝卜散发出臭气，臭气散尽，萝卜变作杏黄色，异常甜美_{火酒最拔盐味，盐少则全是甜味，一定需要斟酌}。当萝卜臭气散尽，用棉缕包裹上陈年香糟，当做塞子塞住瓶口，味道更是美妙。

糟萝卜

好萝卜，不见水，擦净。每个截作两段。每斤用盐三两，腌过，晒干。糟一斤，加盐拌过，次入萝卜，又拌，入瓶_{此方非暴吃者①}。

【注释】

①暴吃：立刻吃，马上食用。

【译文】

质量好的萝卜，不要碰到水，擦拭干净。每个萝卜截成两段。每一斤萝卜用三两盐，腌渍过后，晒干。先

萝卜

用一斤酒糟,加上盐拌一下,再放进萝卜,然后再拌,放入瓶中这一方法不适合马上食用。

香萝卜

萝卜切骰子块①,盐腌一宿,晒干。姜、橘、椒、茴末拌匀。将好醋煎滚,浇拌入磁盆。晒干,收贮。

每卜十斤,盐八两。

【注释】

①骰(tóu)子:骨制的长方体赌具,俗称"色(shǎi)子"。

【译文】

把萝卜切成骰子块,用盐腌渍一夜,晒干。再把姜、橘皮、花椒、茴香末搅拌均匀。取质量好的食醋煎煮滚开,浇拌萝卜和香料,放到瓷盆当中。然后把萝卜晒干,收藏贮存起来。

每十斤萝卜,用八两盐。

【点评】

萝卜每次不拘数量,可供佐餐食用,有健脾理气、消食开胃的功效,适用于脾胃气滞、食积中焦之脘腹胀满、纳呆食少、嗳腐吞酸、肠鸣矢气、泻下秽臭等症,也可以用于日常保健。

种麻菇法

净麻菇、柳蛀屑等分①,研匀。糯米粉蒸熟,捣和为丸,如豆子大。种背阴湿地,席盖,三日即生。

【注释】

①柳蛀屑:垂柳蛀孔中的蛀屑,可入外用中药,煎水洗浴或炒热熨敷。唐代李绩、苏敬等纂《唐本草》记载其功效在于"主风瘙肿痒隐轸"。

把分量相同的干净麻菇、柳蛀屑研磨搅拌均匀。把糯米粉蒸熟，捶捣调和成丸，像豆子大小。种在背阴潮湿的地方，用席子盖好，三天过后就会长出菌菇来。

又法

榆、柳、桑、楮、槐五木作片，埋土中，浇以米泔①，数日即生长二三寸色白柔脆如未开玉簪花②，名"鸡腿菇"。

一种状如羊肚③，里黑色、蜂窝，更佳。

【注释】

①米泔（gān）：洗过米的水。

②玉簪（zān）花：多年生草本植物。秋季开花，色白如玉，未开时如簪头，有芳香。簪，用来绾住头发的一种首饰，古代也用以把帽子别在头发上。

③肚（dǔ）：胃，特指用做食物的牛羊等的胃。

【译文】

榆木、柳木、桑木、楮木、槐木制成片，埋在土中，用淘米水浇灌。几天之后，就会长出菌菇，高约两三寸、颜色洁白、柔嫩脆软，像还没有完全开放的玉簪花，名叫"鸡腿菇"。

还有一种菌菇，外形像羊肚，里面是黑色的、像蜂窝一样，味道更好。

竹菇

竹根所出，更鲜美。熟食无不宜者。

【译文】

竹菇出自竹根，味道更为鲜美。做熟了食用，适合所有人群。

种木菌

朽桑木、樟木、楠木，截成尺许。腊月扫烂叶，择阴肥地，和木埋入深畦^①，如种菜法。入春，用米泔不时浇灌。菌出，逐日灌三次，渐大如拳。取供食。木上生者不伤人。

柳菌亦可食。

【注释】

①畦（qí）：田园中分成的小区。

【译文】

取腐朽的桑木、樟木、楠木，每段截成尺把长。腊月时分，打扫腐烂的树叶，选择阴湿肥沃的地方，连同朽木段一起深深埋进田畦之中，就如同种菜的方法一样。到了春天，不时地用淘米水浇灌。木菌长出来之后，每天浇灌三次，渐渐长得如同拳头般大小。采摘下来可供膳食。木头上的菌菇对人没有伤害。

柳木菌菇也可以食用。

食宪鸿秘

卷下

餐芳谱

凡诸花及苗及叶及根与诸野菜，佳品甚繁。采须洁净，去枯、去蛀、去虫丝，勿误食。制须得法，或煮、或烹、或燔、或炙、或腌、或炸①，不一法。

【注释】

①烹：做菜方法之一，先用热油略炒之后，再加入液体调味品，迅速搅拌，随即盛出。燔（fán）：烤，炙。炙（zhì）：烤。

【译文】

各种花、苗、叶、根和各种野菜，可用于烹饪的好品种繁多。在采摘以后，一定需要清洗干净，去掉枯叶、蛀虫以及各种虫子吐的丝，不要误食。在烹饪过程中，一定要方法得当，可以蒸煮、可以烹调、可以烧、可以烤、可以腌渍、也可以油炸，方法不一。

凡食野芳①，先办汁料。每醋一大钟，入甘草末三分、白糖一钱、熟香油半盏和成，作拌菜料头②以上甜酸之味；或捣姜汁加入，或用芥辣③以上辣爽之味；或好酱油、酒酿，或一味糟油④以上中和之味；或宜椒末⑤，或宜砂仁以上开豁之味；或用油炸松脆之味。

【注释】

①野芳：芳，指花草。

②料头：主要材料。头，第一的，居于首位的。

③芥（jiè）辣：又称芥末。含有丰富的氨基酸、维生素和微量元素，具有杀菌消毒、促进消化、增进食欲的作用。

食宪鸿秘

瑶台仙花图

④一味糟油：单纯使用糟油。一味，单纯地，仅仅。糟油，中国传统食品，以糟汁、盐、味精为料，调匀后为咖啡色咸香味，可用来拌食禽、肉、水产类原料。

⑤椒末：一般指花椒末。

【译文】

食用野生花草，需要事先准备好汤汁、佐料。每一大酒盅醋，放入三分甘草末、一钱白糖、半小酒杯熟香油调和好，作为拌菜使用的料头以上烹饪偏重甜酸之味；或者加入捣出的姜汁，或者使用芥辣以上烹饪偏重辣爽之味；或者使用质量好的酱油、酒酿，或者是仅仅使用糟油以上烹饪偏重中和之味；或者适宜使用花椒末，或者适宜使用砂仁以上烹饪偏重开胃之味；直接油炸也是可以的这种烹饪使得花草变得松脆。

凡花菜采得，洗净，滚汤一焯即起，急入冷水漂片刻。取起，抟干①，拌供，则色青翠不变，质脆嫩不烂，风味自佳萱苗、莺粟苗多如此②。家菜亦有宜此法。

他若炙煿作虀③，不在此制④。

【注释】

①抟（tuán）：把东西揉弄成球形。

②萱（xuān）苗：萱草的花蕾。亦称"金针菜"。莺粟苗：即罂粟苗。

③煿（bó）：煎炒或烤干食物。虀（jī）：同"齑"，捣碎的姜、蒜、韭菜等。

④不在此制：不属于这种烹饪方法之列。

【译文】

采摘来的花草蔬菜，清洗干净，在滚烫的开水中焯一下就捞出来，快速放到冷水中，稍稍漂一会儿。再捞出来，抟干，凉拌供膳，则色泽青翠没有变化，吃起来又脆又嫩，一点儿也不烂糊，别有一番美妙风味萱苗、莺粟苗多用这种烹饪方法。有的家常菜也适宜使用这种方法烹饪。别的像是通过熏烤、煎炒而制成菜虀，不属于这种烹饪方法之列。

果之属

青脆梅

青梅必须小满前采①。搥碎核，用尖竹快拨去仁②。不许手犯③，打拌亦然，此最要诀。一法，矾水浸一宿，取出晒干。着盐少许瓶底，封固，倒干去仁，摊筛内，令略干。每梅三斤十二两，用生甘草末四两、盐一斤炒，待冷、生姜一斤四两不见水，捣细末、青椒三两旋摘④，晾干、红干椒半两拣净一齐抄拌⑤。仍用木匙抄入小瓶止可藏十余盏汤料者。先留些盐掺面，用双层油纸加绵纸紧扎瓶口。

【注释】

①小满：二十四节气之一，在五月二十、二十一或二十二日。

②快：同"筷"。筷子。

③犯：遭遇，这里指用手触碰青梅。

④旋（xuàn）摘：临时采摘。旋，临时。

⑤抄：用匙取食物。

【译文】

把青梅的果仁去掉一定需要在小满节气前采摘。把核敲碎，用尖的竹筷子拨掉果仁。不能用手触碰，敲打、调拌的时候也是这样，这是最为关键的窍门。另外一种方法是，用明矾水浸泡一夜，捞出来晒干。在瓶子底部放上少量的盐，密封结实，倒放过来，直到沥干青梅的水分，摊晾在筛子里，让青梅略微变干些。每三斤十二两梅子，要配用四两生的甘草末、一斤盐炒熟，晾凉、一斤四两生姜不能碰到水，捣成细末、三两青椒临时采摘的，晾干、半两红干椒把杂质挑拣干净一起用小勺子调拌。然后再用小木勺装入小瓶子中只可贮存十来杯汤料大小的。事先撒些盐并掺点面，用双层油纸和绵纸扎紧小瓶子的瓶口。

白梅

极生大青梅，入磁钵①，撒盐，用手擎钵播之不可手犯。日三播，腌透，取起，晒之。候干，上饭锅蒸过，再晒，是为"白梅"。若一蒸后用锤捣碎核，如一小饼，将鲜紫苏叶包好，再蒸再晒，入瓶，一层白糖一层梅，上再加紫苏叶梅卤内浸过，蒸晒过者，再加白糖填满，封固，连瓶入饭锅再蒸数次，名曰"苏包梅"。

【注释】

①磁钵（bō）：磁，同"瓷"。钵，洗涤或盛放东西的陶制的器具，形状像盆而较小，

腰部凸出，钵口钵底向中心收缩，直径比腰部短，用来盛装饭菜，不易溢出，也能保温。

【译文】

　　采摘特别生的大个青梅，放入瓷钵中，撒上盐，用手拿着瓷钵籂扬不能用手触碰。每天籂扬三次，等腌渍通透过后，取出来，阳光下曝晒。待青梅晒干过后，放到饭锅里蒸煮，然后再放到阳光下曝晒，用这种方法制成的梅子就叫"白梅"。如果在蒸煮过后，用锤敲碎梅核，如同一块小小的饼子，用新鲜的紫苏叶包裹好，再蒸再晒，放进瓶中，一层白砂糖一层梅子叠放起来，上面再加一层紫苏叶要用梅卤里浸泡过的、蒸晒过的，再加白砂糖填满，密封结实，连瓶放入饭锅里再蒸几次，名字就叫"苏包梅"。

黄梅

　　肥大黄梅，蒸熟，去核。净肉一斤，炒盐三钱，干姜末一钱，半鲜紫苏叶晒干二两，甘草、檀香末随意，共拌入磁器，晒熟收贮。加糖点汤①，夏月调冰水服，更妙。

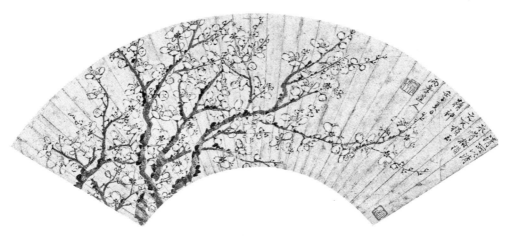

梅花图

【注释】

①点汤：古代茗事术语，指茶、汤的调制，即茶、汤的煎煮、沏泡技艺。五代宋元时期盛行点茶法，调制时先将茶饼烤炙碾细，然后烧水煎煮。

【译文】

又肥又大的黄梅，蒸熟，去掉核仁。一斤黄梅净肉、三钱炒盐、一钱干姜末、二两半鲜的紫苏叶晒干，甘草、檀香末酌量加放，一同调拌放入瓷质容器，晒熟后收藏贮存起来。加入白砂糖点汤，在夏天，调和冰水饮食，更为美妙。

乌梅

乌梅去仁，连核一斤，甘草四两、炒盐一两，水煎成膏。

又白糖二斤，大乌梅肉五两用汤蒸，去涩水①，桂末少许，生姜、甘草量加，捣烂入汤。

【注释】

①涩水：指让舌头感觉不光滑的水。涩，不光滑、不滑溜，一种使舌头感到不滑润不好受的滋味。

【译文】

乌梅去掉果仁，连同核一斤，同四两甘草、一两炒盐，用水煎煮成膏。

再一种：二斤白砂糖，五两大个乌梅果肉用开水蒸，去掉涩水，少量桂皮末，生姜、甘草酌量加放，一起捣烂，放入热水中。

藏橄榄法

用大锡瓶瓶口可容手出入者乃佳。将青果拣不伤损者，轻轻放入瓶底乱投下仍要伤损，用磁杯仰盖瓶上，杯内贮清水八分满。浅去常加①，则青果不干亦不烂，秘诀也。

【注释】

①浅去常加：瓷杯中的水不断挥发变浅，需要经常加水至八分满。

【译文】

藏橄榄，使用瓶口容得手伸进伸出的大号锡瓶才好。先挑拣没有受伤破损的橄榄青果，轻轻放进瓶底随意扔下，仍然会使橄榄受伤损，用瓷杯口朝上盖住锡瓶瓶口，瓷杯内倒入八分满的清水。瓷杯中的水挥发变浅需要经常加水至八分满，则橄榄青果不会干枯，也不会腐烂，奇妙的诀窍啊。

藏香橼法

用快剪子剪去梗，只留分许①，以榖树汁点好②，愈久而气不走，至妙诀也点汁时勿沾皮上。或用白果、小芋、黄腊③，俱不妙。

【注释】

①只留分许：只留下大约一分长短的长度。分，量词，十分为一寸。

②榖（gòu）树：即构树，又称楮（chǔ）树。

③黄蜡：一般是指蜂蜡。

【译文】

用锋利的剪子剪掉香橼的柄梗，只留下大约一分长短的长度，用楮树汁点好，时间过了很久，也不走味，这是最妙的诀窍点楮树汁的时候，不要沾在香橼的皮上。有的人用白果、小芋、蜂腊贮藏，效果都不太好。

香橼膏

刀切四缝，腐泔水浸一伏时^①，入清水煮熟，去核，拌白糖。多蒸几次，捣烂成膏。

【注释】

①腐泔水：即洗过豆制食品的水。泔水，古代一般指米泔水，即淘米的水。腐，指某些豆制食品。一伏时：指一昼夜，二十四小时。古代人们以干支法计时，从子时到子时，谓之"一周时"，即六个时辰，十二个小时。一伏时是两个"一周时"。伏，同"复"，周而复始的意思。

【译文】

把香橼用刀切开四道缝，用先洗过豆制食品的水浸泡一天一夜，再放进清水中煮熟，去掉核仁，用白砂糖调拌。多蒸几次，然后捣捶稀烂，制成膏。

【点评】

香橼（yuán），别名枸橼、钩缘干、香泡树、柑枸橼、香圆等，这里指香橼的干燥成熟果实。明代李时珍《本草纲目》记载："枸橼，产闽、广间。……其实状如人手，有指，俗呼为佛手柑；有长一尺四、五寸者，皮如橙、柚而厚，皱而光泽，其色如瓜，生绿熟黄，其核细，其味不甚佳而清香袭人。"香橼味辛、苦、酸，性温，无毒，入肝、肺、脾经，果皮和花、叶均含芳香油，对胃肠道有温和刺激作用，能促进肠胃蠕动和消化液分泌，主治胸腹满闷、胁肋胀痛、咳嗽痰多等症。因其气清香味微甜而苦辛，阴虚血燥及孕妇气虚者慎服。

藏橘

松毛包橘^①，入坛，三四月不干当置水碗于坛口，如"藏橄榄法"。

又，菉豆包橘，亦久不坏。

【注释】

①松毛：即松叶。明代李时珍《本草纲目》记载：松叶，别名松毛，性味苦温，无毒，入肝、肾、肺、脾诸经，主治去风痛脚痹，杀米虫。

【译文】

用松叶把橘子包裹好，放进坛子里，三四个月过后也不会干枯应当在坛子口上放一只碗，碗里装水，如同"藏橄榄法"一样。

再者，用绿豆包裹橘子，也能搁放很长时间而不变质。

醉枣

拣大黑枣，用牙刷刷净，入腊酒酿浸，加烧酒一小杯，贮瓶，封固。经年不坏。空心啖数枚，佳；出路早行，尤宜；夜坐读书，亦妙。

【译文】

挑拣个大的、颜色黑红的枣子，用牙刷洗刷干净，放入腊月制就的酒酿中浸泡，并加一小杯烧酒进去，然后贮存于瓶子中，密封结实。搁放很长时间也不会变质。空腹吃上几颗，很不错；早上出远门时食用，特别适宜；夜里端坐读书时食用，也很美妙。

樱桃干

大熟樱桃，去核，白糖层叠，按实磁罐。半日，倾出糖汁，砂锅煎滚，仍浇入。一日取出，铁筛上加油纸摊匀，炭火焙之，色红取下。其大者两个镶一个①，小

樱桃

者三四个镶一个，日色晒干。

【注释】

①镶（xiāng）：把物体嵌入另一物体上或加在另一物体的周边。此指串起。

【译文】

准备熟透的樱桃，去掉核，一层白砂糖一层樱桃叠放起来，装入瓷罐中按捺结实。半天之后，把糖汁倒出来，放入砂锅中煎煮到滚开，然后再浇进瓷罐中。一天过后，把樱桃取出来，在铁筛子上铺上一层油纸，把樱桃放在铁筛子上摊匀，用炭火慢慢烘烤，等到颜色变红后就取下来。大点的樱桃就两个穿成一串，小点的就三四个穿成一串，阳光下晒干。

桃干

半生桃，蒸熟，去皮、核，微盐掺拌。晒过，再蒸再晒。候干，白糖叠瓶，封固。饭锅顿三四次，佳。

【译文】

准备好半生半熟的桃子，蒸熟，去掉桃皮、桃核，用少量盐掺拌，晒过之后，再蒸一次晒一次。等桃子干透之后，一层白砂糖一层桃子叠放在瓶子里，密封结实。用饭锅炖三四次，非常好。

腌柿子

秋，柿半黄，每取百枚，盐五六两，入缸腌下。春取食，能解酒。

【译文】

在秋季，准备下半黄的柿子，每一百枚配用五六两盐，一起放进缸里腌渍。到了春季取出来食用，能够解酒。

咸杏仁

京师甜杏仁，盐水浸拌，炒燥，佐酒甚香美。

【译文】

准备好京师出产的甜杏仁，用盐水浸泡调拌，然后炒干，用来佐酒，味道特别香特别美妙。

酥杏仁

苦杏仁泡数次，去苦水，香油炸浮，用铁丝杓捞起，冷定，脆美。

【译文】

把苦杏仁浸泡多次，去掉苦水，用香油将杏仁在油锅中炸得浮起来，然后再用铁丝勺捞起来，晾凉之后，酥脆香美。

【点评】

杏仁分为甜杏仁及苦杏仁两种。中国南方产的杏仁属于甜杏仁，味道微甜、细腻，多用于食用，具有润肺、止咳、滑肠等功效，对干咳无痰、肺虚久咳等症有一定的缓解作用。北方产的杏仁则属于苦杏仁，带苦味，多作药用，具有润肺、平喘的功效，对于因伤风感冒引起的多痰、咳嗽、气喘等症状疗效显著；但苦杏仁一次服用不可过多。杏仁含有丰富的

杏

黄酮类和多酚类成分,不但能够降低人体内胆固醇的含量,还能显著降低心脏病和很多慢性病的发病危险。杏仁还有美容功效,能促进皮肤微循环,使皮肤红润光泽。苦杏仁中含有的苦杏仁苷还有抗肿瘤作用。

桑葚

多收黑桑葚①,晒干,磨末,蜜丸②。每晨服六十丸,返老还童。桑葚熬膏,更妙,久贮不坏。

【注释】

①黑桑葚:颜色发黑的桑葚。桑葚,桑树的成熟果实。

②蜜丸:指桑葚末和着蜜做成丸。

【译文】

多准备一些颜色发黑的桑葚,晒干,研磨成细末,和着蜜做成丸。每天早晨服用六十丸,有返老还童的功效。把桑葚熬成膏,效果更好。可以收藏贮存很长时间也不变质。

枸杞膏桑葚膏同法

多采鲜枸杞,去蒂,入净布袋内,榨取自然汁,砂锅慢熬,将成膏,加滴烧酒一小杯,收贮,经年不坏或加炼蜜收亦可①,须当日制就,如隔宿则酸。

【注释】

①或加炼蜜收:或者加炼蜜使枸杞膏变稠。炼蜜,经熬炼的蜜。

【译文】

多采摘些新鲜的枸杞子,去掉柄蒂,放进干净的布袋子里,榨出自然的汁液,用砂锅慢慢熬煮,在将要变成膏状的时候,滴加进去一小杯烧酒。收藏贮存起来,可以放置较长时间也不变质也可以加炼蜜收稠枸杞膏，但一定需要当天制作完工，如果隔了一夜，味道就会变酸。

【点评】

枸杞全身是宝，明代李时珍《本草纲目》记载："春采枸杞叶，名天精草；夏采花，名长生草；秋采子，名枸杞子；冬采根，名地骨皮"。北宋寇宗奭《本草衍义》记载："枸杞当用梗皮，地骨当用根皮，枸杞子当用其红实，是一物有三用。"

枸杞的子实是最常用的营养滋补佳品，在民间常用其煮粥、熬膏、泡酒等。枸杞子，别名苟起子、明眼子、却老子、狗奶子、红耳坠等，味甘性平，入肝、肾、肺经，含有丰富的胡萝卜素、钙、铁等营养，是名贵的药材和滋补品，具有滋补肝肾、益精明目、延衰抗老、降低血糖、抗脂肪肝的功效，可用于虚痨精亏、腰膝酸痛、眩晕耳鸣、内热消渴、血虚萎黄、目昏不明等症。中医也很早就有"枸杞养生"的说法，唐代孟诜《食疗本草》记载："坚筋耐老，除风，补益筋骨，能益人，去虚劳。"《本草纲目》记载："补肾生精，养肝……明目安神，令人长寿。"但食用枸杞子也有禁忌，明代缪希雍《本草经疏》记载："脾胃薄弱，时时泄泻者勿入。"明代倪朱谟《本草汇言》记载："脾胃有寒痰冷癖者勿入。"清代张璐《本经逢原》记载："元阳气衰，阴虚精滑之人慎用。"外邪实热、脾虚有湿及泄泻者忌服。

枸杞

素蟹

新核桃，拣薄壳者，击碎，勿令散①。菜油熬炒，用厚酱、白糖、砂仁、茴香、酒浆少许调和②，入锅烧滚。此尼僧所传。下酒物也。

【注释】

①勿令散（sǎn）：不要使得核桃仁零碎散落。

②厚酱：浓酱。厚，深、重、浓、多的意思。酒浆：一般泛指酒水。

【译文】

新长成的核桃，挑拣外壳薄一些的，捶碎，但不要使得核桃仁零散了。用菜油熬炒，再用少量浓酱、白砂糖、砂仁、茴香、酒浆调和，放到锅里烧煮到滚开。这一烹饪方法是山间僧尼所流传下来的。可以作为下酒菜肴食用。

桃漉

烂熟桃，纳瓮，盖口。七日，漉去皮、核①，密封。二十七日，成鲊②，香美。

桃

【注释】

①漉（lù）：液体慢慢地渗下，滤过。

②鲊（zhǎ）：泛指腌制食品。可以贮存较长时间。

【译文】

取熟透的桃子，放入瓮中，盖好瓮口。七天过后，把桃皮、桃核漉掉，密封起来。二十七天过后，就制成了桃鲊，味道香美。

藏桃法

五日①，煮麦面粥糊，入盐少许，候冷入瓮。取半熟鲜桃，纳满瓮内，封口。

至冬月如生^②。

【注释】

①五日：指农历初五日。这里未说明月份，或是指桃子正熟的农历五月。

②生：新鲜。

【译文】

农历五月初五，把小麦面煮成粥糊，放入一点盐，等晾凉了后，放到瓮里。然后取半熟的新鲜桃子，把瓮内填满，并把瓮口密封起来。到了冬天的时候，桃子仍然如同新鲜的一样。

桃润

三月三日取桃花，阴干为末，至七月七日取乌鸡血和，涂面，光白，润泽如玉。

【译文】

农历三月初三，采摘桃花，放在通风不见阳光的地方自然干燥，研磨成细末，到了农历七月七日的时候，取用乌鸡血调和，用来涂脸，能使皮肤变得有光泽、白净，润泽如玉。

【点评】

这里介绍的是与饮食有关的美容法。桃花具有很高的观赏价值，也具有重要的药用价值和美容价值。桃花味苦性平，有泻下通便、消食顺气、利水消肿的药用功效。《名医别录》记载："桃花味苦、平，主除水气、利大小便，下三虫。"可用于水肿、腹水、便秘等症。桃花含有山柰酚、香、豆精、三叶豆甙和维生素A、B、C等营养物质，也具有疏通经络、滋润皮肤的美容价值。唐代孙思邈《千金要方》记载："桃花三株，空腹饮用，细腰身。"《神农本草经》认为，桃花具有"令人好颜色"的功效，对防治皮肤干燥、粗糙及皱纹等，对预防黄褐斑、雀斑、黑斑等面部色素沉淀有较好效果，对防治皮肤病、脂溢性皮炎、化脓性皮炎、坏血病等也大有裨益。

食圆眼

圆眼用针针三四眼于壳上①，水煮一滚，取食，则肉满而味不走。

【注释】

①圆眼：即龙眼，别名益智、骊珠等。鲜龙眼烘成干果后，即成为中药材中的"桂圆"。

【译文】

用针在龙眼的外壳上面扎刺三四个小眼，用水煮滚一次后，取出来食用，则果肉饱满，也不跑味。

【点评】

龙眼是我国岭南佳果，因其种子圆黑光泽，种脐突起呈白色，形似传说中"龙"的眼睛，所以得名"龙眼"。龙眼营养丰富，富含全糖、还原糖、全酸、维生素C等，既可鲜吃又可作药用，自古受人们喜爱，更视为珍贵补品，李时珍曾有"资益以龙眼为良"的评价。龙眼味甘性温，入心、脾经，有壮阳益气、补益心脾、养血安神、延年益寿、润肤美容等多种功效，明代缪希雍《本草经疏》记载，龙眼主治"思虑过度、劳伤心脾、健忘怔忡、虚烦不眠、自汗惊悸"，可用于治疗五脏邪气、食欲不振、贫血、心悸、失眠、健忘、神经衰弱及病后、产后身体虚弱等症，对于驱肠叶寄生虫及血吸虫、腋臭也有一定疗效。龙眼是安神的，但是疲乏的人不要吃，否则会嗜睡。新鲜龙眼用沸汤淘过食，不伤脾。

盐李

黄李①，盐挼②，去汁，晒干。去核，复晒干。用时以汤洗净，荐酒佳③。

【注释】

①黄李：李树的一种。明代李时珍《本草纲目》"集解"引马志语曰："李有绿李、黄

李、紫李、牛李、水李，并甘美堪食。"

②挼（ruó）：揉搓。

③荐酒：以果品时鲜等佐酒。荐，进献之意。

【译文】

取黄李子，用盐揉搓，沥去汁液，晒干。然后把黄李的核仁去掉，再晒到干透。食用的时候用开水清洗干净，实乃佐酒佳品。

嘉庆子

朱李也①。蒸熟，晒干，糖藏、蜜浸②。或盐腌，晒干。皆可久。

【注释】

①朱李：红皮李子。嘉庆子是李子的别名。

②糖藏：利用食糖腌制以达到保藏目的的加工方法。

【译文】

嘉庆子，即是红皮李子。蒸熟，晒干，用砂糖腌藏、蜂蜜浸泡。或用盐腌渍，再晒干。每种方法做出来的李子都可以搁放较长时间。

【点评】

李子，别名李实、嘉庆子。称之为嘉庆子，源自唐代洛阳人们的叫法。唐代韦述《两京新记》记载东都洛阳"嘉庆坊"云："有李树，其实甘鲜，为京都之美，故称嘉庆李。今人但言嘉庆子，盖称谓既熟，不加李亦可记也。"

李

李子饱满圆润、玲珑剔透、形态美艳、口味甘甜，是人们喜爱的传统水果之一。南朝梁沈约有《麦李诗》云："青玉冠西海，碧石弥外区。化为中园实，其下成路衢。在先良足贵，因小邀难逾。色润房陵缥，味夺寒水朱。摘持欲以献，尚食且踟躇。"李子味苦酸、性温、无毒，有清肝热、生津液的功效，清代王士雄《随息居饮食谱》记载："清肝涤热，活血生津。"可用于虚劳骨蒸、胃阴不足、肝病腹水、发热干渴等。

然而，李子含高量的果酸，多食易生痰湿、伤脾胃、损齿，喝水前吃李容易使人发痰疟，与麻雀肉、蜂蜜同吃，容易损伤五脏，《随息居饮食谱》记载："多食生痰，助湿发疟痢，脾弱者尤忌之。"所以溃疡病及急、慢性胃肠炎、脾虚痰湿患者及小儿不宜多吃。

糖杨梅

每三斤，用盐一两腌半日，重汤浸一夜。控干，入糖二斤，薄荷叶一大把，轻手拌匀，晒干收贮。

【译文】

每三斤杨梅，用一两盐腌渍半天，再用隔水蒸煮之法浸煮一夜。控干之后，拌入二斤砂糖，一大把薄荷叶，用手轻轻搅拌均匀，晒干后收藏贮存起来。

又方

腊月水，同薄荷一握、明矾少许入瓮。投浸枇杷、林檎、杨梅①，颜色不变，味凉，可食。

【注释】

①枇杷：别名芦橘、金丸、芦枝，一种蔷薇科常绿小乔木。这里是指枇杷的干燥叶或果实。枇杷叶和果实味苦性平，可入药，有清肺化痰、降气和胃等功效。林檎（qín）：即

苹果。

175

【译文】

　　腊月里的雪水，连同一把薄荷、少量明矾一起放到瓮里。把枇杷、苹果、杨梅浸泡到里面，颜色不会变化，味道清凉，方便食用。

【点评】

　　杨梅，又称圣生梅、白蒂梅、树梅，具有很高的药用和食用价值。杨梅原产中国，浙江余姚境内发掘的新石器时代的河姆渡遗址发现杨梅属花粉，说明在七千多年以前该地区就有杨梅生长。杨梅的果实一般也称作杨梅，取其形似水杨子、味道似梅子之义，别名龙睛、朱红等。杨梅果实色泽鲜艳、汁液多，富含维生素C、葡萄糖、果糖、柠檬酸等，甜酸适口，

杨梅

营养价值高，素有"初疑一颗值千金"之美誉，在吴越一带，又有"杨梅赛荔枝"之说。

　　杨梅果实、核、根、皮均可入药。果核可治脚气，根可止血理气，树皮泡酒可治跌打损伤，红肿疼痛等。杨梅果实味甘酸性温热，入肺、胃二经，有和胃消食、止吐止痢、生津止渴等功效，多食不仅无伤脾胃，且可解毒祛寒，明代李时珍《本草纲目》记载，杨梅可"止渴、和五脏、能涤肠胃、除烦愦恶气"，也因此，杨梅有"果中玛瑙"之誉。

　　然而，杨梅所含的酸性物质不易被氧化分解，一旦这些酸性物质进入体内，就会和胃酸一起刺激胃黏膜，诱发胃溃疡。有慢性胃炎、胃溃疡、胃酸分泌过多的人不宜空腹食用，以免引起胃酸分泌过多诱发病情；糖尿病患者中基础血糖控制不佳者也最好别吃杨梅。

栗子

炒栗，以指染油逐枚润，则膜不粘。

风栗，或袋或篮悬风处，常撼播之，不坏，易干。

圆眼、栗同筐贮，则圆肉润而栗易干^①。

熟栗，入糟糟之，下酒佳。

风干生栗，入糟糟之，更佳。

栗洗净，入锅，勿加水。用油灯草三根圈放面上^②，只煮一滚，久闷^③，甜酥易剥。

油拌一个，酱拌一个，酒浸一个，鼎足置镬底^④，栗香妙。

采栗时须披残其枝，明年子益盛。

【注释】

①润：不干枯，湿燥适中。

②油灯草：即眼子菜，又称鸭子草、水案板、水板凳、案板芽、水上漂。性味微苦、凉，无毒，中药学以全草入药，夏秋采用有清热消肿、利水通淋、消气膨胀等功效，可以用于火眼、黄疸、瘰疬、痔疮、小儿蛔气腹痛等症。

③闷：同"焖"。

④镬（huò）：形如大盆，用以煮食物的铁器，这里指锅。

【译文】

炒栗子时，用手指蘸油逐个涂抹，则栗子外皮不会粘连。

风栗子时，用袋子或是篮子装起来悬挂在通风的地方，时常摇晃一下，不会霉烂，容易风干。

把桂圆和栗子放到一个筐子里贮存起来，则桂圆的肉变得湿润而栗子容易干燥。

把炒熟的栗子放到酒糟中腌渍起来，是很好的下酒菜。

把风干的生栗子放到酒糟中腌渍起来，味道更好。

把栗子清洗干净，放入锅里，不要加水。然后用三根油灯草打成圈儿放在上面，只煮滚一次，焖得时间长一点。这样做出来的栗子甜酥，容易剥开。

把一个用油调和好的栗子、一个用酱腌渍过的栗子、一个用酒浸泡透的栗子，按三角形状摆放在锅底，一起煮，则栗子味道特别香特别美妙。

采摘栗子的时候，一定需要修剪枝叶，那样的话，来年栗子就会长得更为茂盛。

糟地栗

地栗带泥封干①，剥净入糟，下酒物也。

【注释】

①地栗：即荸荠（bí qí）。江浙一带做虾元、虾饼，习惯于将荸荠去皮弄碎后拌入虾肉。荸荠以球茎作蔬菜食用，古称凫茈，因其状、味似栗子，形如马蹄，所以又俗称为"地栗"、"马蹄"。封："风"字之误。

【译文】

把带泥的荸荠风干，剥干净皮后，放到酒糟中，可作下酒菜。

【点评】

荸荠味甘性寒，主治消渴、祛体内痹热、温中益气，有开胃消食、治呃逆、消积食、明耳目、消黄疸之效，但多食则易使人腹胀气满。荸荠皮色紫黑，肉质洁白，味甜多汁，清脆可口，自古有地下雪梨之美誉，北方人视之为江南人参，"南昌马蹄"、"苏州地栗"、"桂林马蹄"、"黄梅荸荠"并称华夏四荠。

鱼之属

鱼鲊

大鱼一斤，切薄片，勿犯水①，布拭净。夏月用盐一两半，冬月一两，腌食顷。沥干，用姜、橘丝、莳萝、葱、椒末拌匀，入磁罐揿实[2]。箬盖，竹签十字架定，覆罐，控卤尽，即熟。

或用红曲、香油，似不必。

【注释】

①犯：触及。

②罐（guàn）：同"罐"。揿（qìn）：用手按。

【译文】

一斤大鱼，削成薄片，不要碰到水，用布擦拭干净。夏天用一两半盐，冬天用一两盐，腌渍一顿饭的工夫。沥干水分，用生姜、橘丝、莳萝、大葱、花椒末搅拌均匀，放入瓷罐中按捺结实。然后用箬叶盖在上面，把竹签排成十字状固定好，再把瓷罐倒过来放置，控干盐卤，很快就熟了。

也有的方法用红曲、香油，似乎并不一定需要。

鱼饼

鲜鱼取胁[1]，不用背，去皮、骨，净。肥猪取膘，不用精。每鱼一斤，对膘脂四两、鸡子清十二个。鱼、肉先各剁_{肉内加盐少许}，剁八分烂，再合剁极烂。渐加入蛋清剁匀。中间作窝，渐以凉水杯许加入_{作二三次}，则刀不粘而味鲜美。加水后，急剁不住手，缓则饼懈[2]_{加水、急剁，二者要诀也}。剁成，摊平。锅水勿太滚，滚即停火。划就方块，刀挑入锅。笊篱取出[3]，入凉水盆内。斟酌汤味下之。

【注释】

①胁（xié）：从腋下到肋骨尽处的部分。这里指从鱼背到鱼腹之间的肉。

②懈（xiè）：松散。这里指鱼饼没有劲道。

③笊篱（zhào lí）：我国传统的烹饪器具之一。用金属丝、竹篾或柳条等制成的能漏水的用具，有长柄，用来捞东西。

【译文】

取下鲜鱼腹上的肉，不用鱼背上的，去掉鱼鳞、鱼骨头，清洗干净。再取来猪肉肥膘，不用瘦肉。每一斤鱼，配四两肥膘、十二个鸡蛋清。鱼肉和猪肉要事先各自剁碎猪肉里加少量盐，剁成八分碎细，再放到一起剁得特别稀烂。一点一点加入鸡蛋清剁匀。在中间做一个窝窝，慢慢加入一杯左右的凉水作两三次加入，则刀不粘而肉味鲜美。加水之后，要快速剁，不能住手，剁得慢了，则鱼饼就没有劲道加水、快速剁，两者是关键窍门。剁好后，把肉摊平。锅里的水不要烧得太过滚烫，沸腾时就不要再烧了。然后把鱼饼划成方块，用刀挑着放入锅里。过后用笊篱捞出来，放到凉水盆里。斟酌调和好汤料，把鱼饼下到里面。

鲫鱼羹

鲜鲫鱼治净，滚汤焯熟。用手撕碎，去骨，净。香蕈、鲜笋切丝，椒、酒下汤。

鱼蔬图

【译文】

把鲜鲫鱼洗干净，用滚烫的开水焯熟。然后用手把鱼肉撕碎，去掉鱼骨头，清洗干净。把香蕈、新鲜竹笋切成细丝，加入花椒、料酒做成鱼羹。

【点评】

鲫鱼为我国重要食用鱼类之一，以2—4月份和8—12月份的最肥美。鲫鱼肉质细嫩，肉味甜美，营养价值很高。鲫鱼还有极高的药用价值，其性味甘、平、温，入胃、肾经，具有和中补虚、除湿利水、补虚羸、温胃进食、补中生气之功效。鲫鱼可做粥、做汤、做菜、做小吃，尤其适于做汤。鲫鱼汤不但味香汤鲜，而且具有较强的滋补作用，非常适合中老年人和病后虚弱者食用，也特别适合产妇食用。

风鱼

腊月鲤鱼或大鲫鱼，去肠，勿去鳞，治净，拭干。炒盐遍擦内外，腌四五日，用碎葱、椒、莳萝、猪油、好酒拌匀，包入鱼腹，外用皮纸包好[1]，麻皮扎定[2]，挂风处。用时，慢火炙熟。

【注释】

①皮纸：用桑树皮、楮树皮等制成的一种坚韧的纸。可用于书写，也可用于纸伞、灯笼、驱蚊纸帐等的制作。

②麻皮：麻经沤后剥下的皮。

【译文】

腊月里取鲤鱼或大点的鲫鱼，去掉鱼肠，不要去掉鱼鳞，处理干净，擦干。用炒盐把鱼里里外外涂抹一遍，腌渍四五天，再准备好细碎葱花、花椒、莳萝，与猪油、好酒一起调拌均匀，填入鱼肚，外面再用皮纸包好，用麻皮扎上，悬挂在通风的地方。食用的时候，用小火慢慢烤熟。

去鱼腥

煮鱼用木香末少许则不腥。

洗鱼滴生油一二点则无涎^①。

凡香橼、橙、橘、菊花及叶，采取、搋碎洗鱼至妙。

凡鱼外腥多在腮边、鬐根、尾棱^②，内腥多在脊血、腮里。必须于生剖时用薄荷、胡椒、紫苏、葱、矾等末擦洗内外极净，则味鲜美。

【注释】

①涎（xián）：黏液。

②鬐根：指鱼鳍的根部。鬐，同"鳍"。

【译文】

在煮鱼的时候，用少量木香末，则鱼肉不腥。

在洗鱼的时候，滴一两滴没有熬过的生油，则鱼的黏液就没有了。

但凡香橼、橙子、橘子、菊花及菊叶，采摘后搋碎，拿来洗鱼，特别奇妙。

鱼肉外边有腥味，多产生在腮边、鳍根、尾棱等部位，内里有腥味，多产生在脊血、腮里等部位。在杀鱼的时候，一定需要用薄荷、胡椒、紫苏、葱、明矾等的细末把里里外外擦洗得特别干净，那样的话，鱼肉的味道才够鲜美。

煮鱼法

凡煮河鱼，先下水乃烧，则骨酥。江海鱼，先滚汁，次下鱼，则骨坚易吐。

【译文】

但凡煮河鱼，先下水再烧煮的话，鱼骨头就会酥软。煮江鱼、海鱼，先把水烧得滚开，然后再下鱼，则鱼骨头就变得坚硬，容易吐出来。

炙鱼

鲚鱼新出水者^①，治净，炭火炙十分干，收藏。

一法，去头尾，切作段，用油炙熟。每段用箬间盛瓦礶，泥封。

妇女剖鱼砖雕

【注释】

①鲚（jì）鱼：有凤鲚、刀鲚等不同品种。凤鲚别名黄鲚、凤尾鱼等。刀鲚，别名刀鱼、毛鲚等。与河豚、鲥鱼并称为中国"长江三鲜"。鲚鱼一般身体侧扁，形态狭长，成鱼一般为15—20厘米，头短口大鳞细，体背灰黄色，体侧和腹侧银白色。

【译文】

取刚刚打出水的鲚鱼，处理干净，用炭火慢慢烤成十分干，收藏贮存起来。

另一种做法，把鱼头鱼尾去掉，切成段，用油煎熟。每一个鱼肉段用箬叶间隔着盛放在瓦罐里，再用泥把罐子口密封起来。

【点评】

鲚鱼属河口性洄游鱼类，平时栖息于浅海，每年春季三月，大量鲚鱼从海中洄游至江河口半咸淡水区域产卵,但决不上溯进入纯淡水区域。鲥鱼肉肥刺少,味道鲜美,营养丰富,为烹饪佳肴,也可入药。明代李时珍《本草纲目》记载其性味"甘,温,无毒",入脾、胃、心三经,有补气健脾、泻火解毒的功效,可用于脾气虚损、呃逆、脘腹胀满、恶心欲吐、大便溏滞、消化不良、疮疖痈疽肿毒等症。体弱气虚、营养不良者、儿童均宜食用。然鲥鱼为发物,食用有禁忌。明末姚可成《食物本草》记载,"发疥,不可多食","有湿病疮疥勿食",湿热内盛及疥疮瘙痒患者忌食。

暴腌糟鱼

　　腊月鲤鱼,治净,切大块,拭干。每斤用炒盐四两擦过,腌一宿,洗净,晾干。用好糟一斤,炒盐四两拌匀。装鱼入瓮,箬包泥封。

【译文】

　　腊月里打上来的鲤鱼,处理干净,切成大块,擦干。每一斤鱼肉配四两炒盐,把鱼身擦一遍,腌渍一夜,再清洗干净,晾干。然后用一斤质量好的酒糟、四两炒盐调拌均匀。再把鱼肉装进瓮里,用箬叶包好瓮口,并用泥密封起来。

【点评】

　　鲤鱼别名鲤拐子、鲤子,鳞大,上腭两侧各有二须,因鳞有十字纹理,故称鲤鱼。鲤鱼味甘,性平,无毒。煮食可治咳逆上气、黄疸、口渴,通利小便,消除下肢水肿及胎气不安;作鲙则有温补作用,可去冷气,缓解胸闷腹胀、上腹积聚不适等症;烧研成末则能发汗,治咳嗽气喘、催乳汁和消肿;用米饮调服,治大人小儿的严重腹泻;用童便浸煨,可治反胃及恶风入腹。鲤鱼鳞有散血、止血功效,明代李时珍《本草纲目》记载:"烧灰,治吐血、崩中、漏下、带下、痔瘘、鱼鲠。"所以,烹饪鲤鱼时可以不去掉鳞,放入锅里煎时,鱼鳞可保护鱼肉的鲜嫩,也使鱼鳞变得爽脆、金黄好看,吃时更有营养。

蒸鲥鱼

鲥鱼去肠不去鳞^①，用布抹血水净。花椒、砂仁、酱擂碎^②加白糖、猪油同擂妙，水、酒、葱和，锡镟蒸熟^③。

【注释】

①鲥（shí）鱼去肠不去鳞：烹饪加工鲥鱼时，把鱼肠去掉，但不要去掉鱼鳞。

②擂（léi）：研磨。

③锡镟（xuàn）：锡质的镟子。镟，指镟子，温酒时盛水的金属器具，和家用菜盘一般大小。

【译文】

烹饪加工鲥鱼时，把鱼肠弄净，但不要去掉鱼鳞，用布抹干净血水。把花椒、砂仁、酱研磨细碎加入白糖、猪油一起研磨更好，加入水、酒、葱一起调和，装入锡镟中蒸熟。

【点评】

鲥鱼，俗称时鱼、三来、三黎鱼、迟鱼、鲥刺、混江龙、惜鳞鱼等，是咸水淡水两栖、溯河产卵的洄游性鱼类，每年阴历五、六月间由海洋进入长江等淡水中产卵，到九、十月间又回归海中，年年准时无误，故称鲥鱼。鲥鱼体长椭圆形，头侧扁，口大，下颌稍长，腹鳍、臀鳍灰白色，尾鳍边缘和背鳍基部淡黑色。鲥鱼鳞片大而薄，上有细纹，多脂肪。

鲥鱼是中国珍稀名贵食用鱼之一，与河豚、刀鱼齐名，素称"长江三鲜"。宋代苏东坡诗云："芽姜紫醋炙鲥鱼，雪碗擎来二尺余。尚有桃花春气在，此中风味胜莼鲈。"明代为朝廷贡品，明代李时珍《本草纲目》记载："鲥出江东，今江中皆有，而江东独盛，故应天府以充御贡。"皇帝也以之赐群臣，以示荣宠。明代诗人于慎行就有《赐鲜鲥鱼》诗："六月鲥鱼带雪寒，三千江路到长安。尧厨未进银刀鲙，汉阙先分玉露盘。"因其素来名贵，一般人家难以承受得起，清代嘉庆道光年间陆以湉《冷庐杂识》记载："杭州鲥鱼初出时，豪贵争以饷遗，价值贵，寒不得食也。凡宾筵，鱼例处后，独鲥先登。"

鲥鱼肉质细嫩鲜美，营养价值极高，其脂肪含量几乎高居鱼类之首。其鳞下脂肪丰富，所以在烹调加工时不要把鳞片去掉。鲥鱼的烹调方法很多，以清蒸、清炖、烤、红烧最为普遍。清代咸丰、同治年间，曾懿《中馈录》记其烹饪方法："去肠不去鳞，用布拭去血水，放荡锣内，以花椒、砂仁、酱、水酒、葱拌匀，其味和，蒸之。"袁枚《随园食单》记载："鲥鱼用蜜

鲥鱼

酒蒸食，如治刀鱼之法便佳。或竟用油煎，加清酱、酒酿亦佳。万不可切成碎块加鸡汤煮，或去其背，专取肚皮，则真味全失矣。"鲥鱼肥嫩，但细刺太多，食时需要特别留神。北宋名士彭渊材之侄惠洪《冷斋夜话》称渊材生平有五恨事："第一恨鲥鱼多骨，第二恨金橘太酸，第三恨莼菜性冷，第四恨海棠无香，第五恨曾子固不能作诗。"

鲥鱼味甘性平，入脾、肺经，也具有很高的药用价值。明代李时珍《本草纲目》记载："肉气味甘平无毒，主治补虚劳；蒸下油，以瓶盛埋土中，取涂烫火伤，甚效。"因富含不饱和脂肪酸，鲥鱼有补益虚劳、强壮滋补、温中益气、暖中补虚、开胃醒脾、清热解毒、疗疮等功效，对降低胆固醇、防止血管硬化、高血压和冠心病等大有益处，适宜体质虚弱、营养不良者、心血管疾病患者、小儿及产妇食用。然而多食鲥鱼也容易发疥，唐代孟诜《食疗本草》记载："稍发疳瘤。"清代赵其光《本草求原》记载："发疥癞。"所以，体质过敏及皮肤患有瘙痒性皮肤病者忌食，患有痛症、红斑狼疮、淋巴结核、支气管哮喘、肾炎、痈疖疔疮等疾病者也宜忌食。

鱼酱法

鱼一斤，碎切，洗净，炒盐三两，花椒、茴香、干姜各一钱，神曲二钱、红曲五钱，加酒和匀，入磁瓶封好，十日可用。用时加葱屑少许。

【译文】

一斤鱼肉，切碎，清洗干净，用三两炒盐，花椒、茴香、干姜各一钱，二钱神曲、五钱红曲，加酒调和均匀，放入瓷瓶中封好，十天过后就可以食用了。食用时可以加入少量的葱花。

黑鱼

泡透，肉丝同炒。

【译文】

把黑鱼泡透，切成片译者按：语义省略，与肉丝一同炒。

【点评】

黑鱼，即斑鱼，一种无毒的小河豚。斑鱼肉质细腻，肉味鲜美，刺少肉多，营养价值很高，有补脾利水、去瘀生新、清热祛风、补肝益肾等功能。斑鱼肉煲汤鲜甜无腥味，在我国南方地区，尤其是在两广和港澳地区，斑鱼汤一向被视为病后康复和体虚者的滋补珍品，"斑鱼葛才汤"甚为当地广大群众所喜爱。

干银鱼

冷水泡展，滚水一过，去头。白肉汤煮许久[①]，入酒，加酱姜，热用。

【注释】

①白肉汤：指猪肉汤或猪排骨汤，高汤的一种。高汤一般可以分为毛汤、奶汤、清汤三类，毛汤以鸡、鸭、猪骨以及碎肉、猪皮等为原料；奶汤以易出汤白的鸡、鸭、猪骨以及猪爪、猪肘等为原料，清汤以老母鸡、瘦猪肉为原料。

【译文】

用冷水把干银鱼浸泡得舒展开来，再用滚烫开水过一下，去掉鱼头。放入白肉汤烧煮稍长时间，然后倒入料酒，加入酱生姜，趁热食用。

【点评】

这里实际介绍的是银鱼汤的烹制方法。银鱼营养丰富，有补虚、健胃、益肺、利水之功效，可治脾胃虚弱、肺虚咳嗽等疾患。银鱼用来做汤也是非常鲜美的，银鱼、豆腐、笋干、香菇、火腿、肉末各适量，加一点料酒、盐、青红椒圈，就可以做成五味银鱼汤；小银鱼、大白菜、香菜末、葱、姜、蒜、盐、麻油、糖、老抽、醋、胡椒粉、水淀粉各适量，则可以做成白菜银鱼汤；干银鱼、鸡脯肉、鸡蛋、淀粉、酱油、精盐、高汤、料酒、胡椒粉、生姜末各适量，则可以做成鸡丝银鱼汤。

蛏鲊

蛏一斤[1]，盐一两，腌一伏时[2]。再洗净，控干。布包，石压。姜、橘丝五钱，盐一钱，葱五分，椒三十粒，酒一大盏，饭糁[3]即炒米一合磨粉酒酿糟更妙，拌匀入瓶，十日可供。

鱼鲊同法。

【注释】

①蛏（chēng）：即蛏子。生活在近岸的海水里的一种软体动物。介壳两扇，形状狭而长。肉可以吃。

②一伏时：指一昼夜，二十四小时。伏，同"复"，周而复始的意思。

③饭糁（sǎn）：指煮熟的米粒。

【译文】

一斤蛏子，一两盐，腌渍一天一夜。再清洗干净，控干。用布包扎起来，并用石头压着。姜丝、橘丝各五钱，一钱盐、五分葱丝、三十粒花椒、一大杯料酒，一合煮熟的饭粒即炒米磨成细粉酒酿糟更好，调拌均匀装入瓶中，十天过后就可以食用了。

鱼鲊的烹制方法和蛏鲊的烹制方法相同。

腌虾

鲜河虾，不犯水，剪去须尾。每斤用盐五钱，腌半日，沥干。碾粗椒末洒入，椒多为妙。每斤加盐二两拌匀，装入坛。每斤再加盐一两于面上，封好。用时取出，加好酒浸半日，可食。如不用，经年色青不变。但见酒则化，速而易红，败也。

一方：纯用酒浸数日，酒味淡则换酒。用极醇酒乃妙。用加酱油。冬月醉下，久留不败。忌见火。

【译文】

新鲜的河虾，不要接触生水，剪掉虾须和虾尾。每一斤河虾，用五钱盐，腌渍半天，沥干水分。撒拌研磨得粗一些的花椒末，多一些为好。然后每一斤腌渍好的河虾再用二两盐调拌均匀，装入坛子里。每一斤河虾表层再搁一两盐，密封好。需要的时候，取出来，加进质量好的酒中浸泡半天，就可以直接食用了。如果一时用不到，这样腌渍的河虾可以经历很长时间而依然色泽青透不变。但是，碰到酒之后，就会化掉，颜色很快变成红色，实际上已经变质了。

另一种做法：单纯用酒浸泡数日，酒味变淡的话就换酒。使用特别醇厚的酒更好。食用的时候，加一点酱油就可以了。冬天的时候开始腌渍，搁放很长时间也不会变质。但是忌见火。

脚鱼[①]

同肉汤煮。加肥鸡块同煮，更妙。

【注释】

①脚鱼：即鳖，潮汕方言多用此叫法。有的地方又称之为团鱼、甲鱼、水鱼、王八、鼋鱼等。

【译文】

放在猪肉汤里烧煮。加肥鸡肉块一起煮，更好。

【点评】

鳖属乌龟近亲，外形似龟，但外壳比龟的要软且没有条纹，喜静怕惊、喜阳怕

甲鱼蒜头图

风、喜洁怕脏。鳖肉味鲜美、营养丰富，有清热养阴、平肝熄风、软坚散结的功效，不仅是餐桌上的美味佳肴，而且是一种用途很广的滋补药品，鳖的甲壳也可以入中药。该物种已被列入中国国家林业局2000年8月1日发布的《国家保护的有益的或者有重要经济、科学研究价值的陆生野生动物名录》。但死的、变质的鳖不能吃，煎煮过的鳖甲没有药用价值。肠胃功能虚弱、消化不良的人应慎吃，尤其是患有肠胃炎、胃溃疡、胆囊炎等消化系统疾病患者不宜食用。失眠、孕妇及产后泄泻也不宜食用，以免吃后引发胃肠不适等症或产生其他副作用。

水鸡腊

肥水鸡①，只取两腿。用椒、料酒、酱和浓汁浸半日，炭火缓炙干。再蘸汁，再炙。汁尽，抹熟油再炙，以熟透发松为度。烘干，瓶贮，久供。色黄勿焦为妙。

【注释】

①水鸡：此指虎纹蛙。成年虎纹蛙体长可达10厘米以上。

【译文】

挑拣臕肥的水鸡，只取两腿入馔。用花椒、料酒、酱和成浓汁浸泡半天，用炭火慢慢烤干。然后再蘸上和好的浓汁，再用炭火慢慢烤干。浓汁用光了之后，再抹上熬熟的菜油继续烤，以熟透蓬松为准。烘干之后，放进瓶中贮藏，可供食用很长时间。色泽晶黄而不焦枯为好。

臊子蛤蜊

水煮去壳。切猪肉_{精肥各半}作小骰子块，酒拌，炒半熟。次下椒、葱、砂仁末、盐、醋和匀，入蛤蜊同炒一转[①]。取前煮蛤蜊原汤澄清，烹入_{不可太多}，滚过取供。

加韭芽、笋、茭白丝拌炒更妙[②]_{略与炒腰子同法}。

【注释】

①蛤蜊（gé lí）：即蛤蜊，有花蛤、文蛤、西施舌等诸多品种。

②茭白：我国特有的水生蔬菜，别名茭瓜、茭菜、菰首、菰笋等。

【译文】

把蛤蜊放进水里烧煮，去掉外壳。把猪肉肥瘦各一半切成骰子大小的肉丁，用料酒调拌，炒到半熟。然后放入花椒、葱、砂仁末，用盐、醋调和均匀，再放入蛤蜊一起炒。把前面原来煮蛤蜊的汤汁取过来，澄清，倒进锅里烹调_{汤不要太多}，等汤汁滚沸之后就可盛出来以供膳用了。

加韭芽、竹笋、茭白丝拌炒，更好与炒腰子的做法基本相同。

【点评】

这里介绍的是猪肉臊（sào）子炒蛤蜊的烹饪之法。臊子即肉末或肉丁。蛤蜊肉质鲜美无比，被称为"天下第一鲜"、"百味之冠"，江苏民间还有"吃了蛤蜊肉，百味都失灵"

之说。蛤蜊的营养特点是高蛋白、高微量元素、高铁、高钙、少脂肪。蛤蜊性味咸寒，入肺、肾经，具有滋阴润燥、利尿消肿、软坚散结作用。明代李时珍《本草纲目》记载："清热利湿，化痰饮，定喘嗽，止呕逆，消浮肿，利小便，止遗精白浊，心脾疼痛，化积块，解结气，消瘿核，散肿毒，治妇人血病。油调涂汤火伤。"明代缪希雍《本草经疏》记载："（蛤蜊）其性滋润而助津液，故能润五脏、止消渴，开胃也。咸能入血软坚，故主妇人血块及老癖为寒热也。"

醉虾

鲜虾拣净，入瓶。椒、姜末拌匀。用好酒顿滚，泼过。食时加盐酱。

又，将虾入滚水一焯，用盐撒上拌匀，加酒取供。入糟，即为糟虾。

【译文】

新鲜的虾子挑拣干净，放进瓶子里。用花椒末、干姜末调拌均匀。把质量好的酒炖得滚沸，浇泼在虾子上。食用的时候，加点盐、酱。

另一种做法：把虾子放过滚烫的开水中焯一下，再撒上盐调拌均匀，加放烧酒，取出来供膳。放进酒糟里面腌渍，就成了糟虾。

酒鱼

冬月大鱼，切大片。盐挐①，晒微干。入坛，滴烧酒，灌满，泥口。来岁三四月取用。

【注释】

①挐（ná）：掺杂。

【译文】

　　冬季里打的大鱼，切成大薄片。用盐掺一掺，曝晒微干。装入坛子里，滴浇烧酒，灌满之后，把坛子口用泥密封好。来年开春农历三四月取出来食用。

虾松

　　虾米拣净，温水泡开。下锅微煮，取起。盐少许，酱并油各半，拌浸，用蒸笼蒸过，入姜汁并加些醋<small>恐咸，可不必用盐</small>。虾小微蒸，虾大多蒸，以入口虚松为度。

【译文】

　　把虾米挑拣干净，用温水浸泡，使它舒展开来。下到锅里稍微煮一下，捞出来。用少量盐，酱、油各半，调拌浸泡，再用蒸笼蒸煮，放入姜汁并加些醋<small>如果担心味道太咸，可以不用加盐</small>。小虾米就略微蒸一下，大虾米就多蒸一会，以入口酥松为准。

水中八事图·虾

淡菜

淡菜极大者水洗^①，剔净，蒸过，酒酿糟下，妙。

一法：治净，用酒酿、酱油停对，量入熟猪油、椒末，蒸三炷香^②。

【注释】

①淡菜：又名壳菜，贻贝的干制品，海产品之一。

②蒸三炷香：蒸煮烧三炷香的时间，约合三个小时。常说的一炷香时间，大约半个时辰，即一个小时。

【译文】

准备好特别大的淡菜，用水清洗，将杂质剔除干净，蒸过之后，用酒酿腌渍，味道很不错。

另一种方法：把淡菜处理干净，用酒酿、酱油各半，酌量加入熬熟的猪油、花椒末，蒸煮三个小时。

【点评】

淡菜是贻贝的干制品，又名壳菜，是驰名中外的海产品之一。鲜活贻贝是大众化的海鲜品，在中国北方俗称海虹，在中国南方俗称青口，可以蒸、煮食之，也可剥壳后和其他青菜混炒，味均鲜美，但贻贝收获后不易保存，所以历来多煮熟后加工成干品。淡菜营养价值很高，并有一定的药用价值。中医认为淡菜性味咸温，入肝、肾经，补肝肾，益精血，消瘿瘤，对于治疗头晕、睡中盗汗、劳热骨蒸等很有功效。明代倪朱谟《本草汇言》记载："淡菜，补虚养肾之药也。"清代赵学敏《本草纲目拾遗》记载，淡菜"主虚羸劳损，因产瘦瘠，血气结积，腹冷、肠鸣、下痢、腰疼、带下、疝瘕。"

土蚨

白浆酒换泡^①，去盐味。换入酒浆^②，加白糖，妙。

要无沙而大者。

【注释】

①白浆酒：疑即原浆酒。指粮食通过曲发酵成的酒，完全不勾不兑的原始酒液。

②酒浆：一般泛指酒水。

【译文】

把土蚨用白浆酒轮换浸泡，去掉盐味。再换酒浆浸渍之后，再加白砂糖进去，味道很是美妙。

土蚨关键是选没有泥沙而且个大的。

【点评】

土蚨（tiě），又名泥螺、吐铁。明代《万历温州府志》记载："吐铁一名泥螺，俗名泥蛳，岁时衔以沙，沙黑似铁，至桃花时铁始吐尽"。清代袁枚《随园食单·小菜单》"吐蚨"记载："吐蚨出兴化、泰兴。有生成极嫩者，用酒酿浸之，加糖则自吐其油，名为泥螺，以无泥为佳。"在今浙江温州，称之为泥糍，因其生长在泥涂中；福建闽南地区称之为"麦螺蛤"，因其盛产于麦熟季节；江、浙、沪一带也称之为黄泥螺，因其贝壳微黄，加工腌渍的卤液也呈黄色或淡黄色。泥螺含有丰富的蛋白质、钙、磷、铁及多种维生素成份，营养丰富又具一定医药作用。清代赵学敏《本草纲目拾遗》记载，泥螺有"补肝肾、润肺、明目、生津"的功效。

酱鳆鱼

白水泡煮，去皱皮。用酱油、酒浆、茴香煮用。

又法：治净，煮过。用好豆腐切骰子大块，炒熟，乘热撒入鳆鱼①，拌匀，酒酿一烹，脆美。

【注释】

①鳆（fù）鱼：亦称"鲍鱼"，贝壳椭圆形，生活在海中，肉可食。中医以其贝壳入药，称"石决明"。

【译文】

用白开水浸泡煮过，去掉鳆鱼表层皱皮。再用酱油、酒浆、茴香烧煮，就可以食用了。

另一种方法：把鳆鱼清洗干净，煮熟。然后把质量好的豆腐切成骰子大小，炒熟，趁热将鳆鱼撒入，调拌均匀，用酒酿烹调，脆美爽口。

海参

海参烂煮固佳，糟食亦妙，拌酱炙肉未为不可。只要泡洗极净，兼要火候。

照"鳆酱"法，亦佳。

【译文】

把海参烧煮烂透，固然不错；用酒糟腌渍之后再食用，也很美妙；用酱调拌、慢火烧烤，也未尝不可。只是需要浸泡清洗得特别干净，同时也要注意火候。

依照"鳆酱"的做法烹制，也很好。

【点评】

海参，又名刺参、海鼠、海黄瓜，是一种生活在海边至8000米的名贵海洋软体动物，距今已有六亿多年的历史，主要以海底藻类和浮游生物为食。海参形状如蚕，色黑，全身凹凸不平、长满肉刺，肉质软嫩，营养价值极高，是典型的高蛋白、低脂肪食物，滋味腴美，同鲍鱼、鱼翅等齐名，是海味"八珍"之一。海参味甘、咸，性平，无毒，不仅是珍贵的食品，也是名贵的药材，具有补元气、滋益五脏六腑、除三焦火热等功效。据清代赵学敏《本草纲目拾遗》记载："海参，味甘咸，补肾，益精髓，摄小便，壮阳疗痿，其性温补，足敌人参，故名海参。"海参对于提高记忆力、延缓性腺衰老、防止动脉硬化和糖尿病、抗肿瘤等有一定作用。

虾米粉

虾米不论大小,色白明透者味鲜。若多一分红色,即多一分腥气。取明白虾米[①],烘燥,研细粉,收贮。入蛋腐[②],及各种煎炒煮会细馔加入[③],极妙。

【注释】

①明白:白色透明。

②蛋腐:即鸡蛋羹,详见后文"蛋腐"条。

③会:同"烩(huì)",烹饪方法之一。

【译文】

虾米不论大小,白色透明的,味道鲜。如果多了一分红色,也就会多一分腥气。取白色透明的虾米,用火烤干,研磨成细粉,收藏贮存起来。放入鸡蛋羹,以及在煎、炒、煮、烩各种精细菜肴时加入,味道特别美妙。

鲞粉

宁波淡白鲞[①]真黄鱼一日晒干者[②],洗净,切块,蒸熟。剥肉,细锉[③],取骨,酥炙,焙燥,研粉,如虾粉用其咸味黄枯鲞不堪用[⑤]。

【注释】

①白鲞(xiǎng):专指剖开晒干的黄花鱼。鲞,剖开晾干的鱼。

②真黄鱼:真黄花鱼。

③锉(cuò):用锉刀磋磨。这里为切削之意。

④黄枯鲞：剖开晒干的黄姑鱼。枯，
"姑"字之误。

【译文】

宁波的淡白鲞真黄鱼一天晒干而成的，清洗干
净，切成块，蒸熟。把鱼肉剥下来切细，把鱼骨
头取走，用火烤酥，焙干，研磨成粉，与虾粉用
法相同那种味道偏咸的黄姑鱼鲞是不能使用的。

【点评】

黄花鱼名又名黄鱼，鱼体侧扁延长，呈金黄
色，生于东海中，鱼头中有两颗坚硬的鱼脑石，

黄花鱼

故又名石首鱼。鱼腹中的白色鱼鳔可作鱼胶，有止血之效，能防止出血性紫癜。黄花鱼分为
大黄鱼和小黄鱼，均列在我国四大海洋业品种中。大黄鱼肉肥厚但略嫌粗老，小黄鱼肉嫩味
鲜但刺稍多。大黄鱼尾柄细长，鳞片较小，体长40—50厘米；小黄鱼尾柄较短，鳞片较大，
体长20厘米左右。黄花鱼含有丰富的蛋白质、微量元素硒和维生素，具有健脾升胃、安神止
痢、益气填精的功效，《本草纲目》记载说它甘平无毒，合莼菜作羹，开胃益气；晾干称为白
鲞，炙食能"消瓜成水，治暴下痢，及卒腹胀不消，消宿食，主中恶，鲜者不及"，能清除人体
代谢产生的自由基，延缓衰老，对体质虚弱、贫血、失眠、头晕、食欲不振及妇女产后体虚具
有较好的食疗效果。

黄姑鱼为暖水性中下层鱼，与小黄鱼有所相似，成鱼一般体长20—30厘米，头钝尖偏
小，尾部稍短，体背部浅灰色，两侧浅灰色，胸、腹、及臀鳍基部略带红色或橙黄色，有多条
黑褐色波状细纹，斜向前方，尾鳍呈楔形。黄花鱼与黄姑鱼只一字之差，但味道相差很大。
黄花鱼味道鲜美，肉嫩滑且肉质呈蒜瓣状。而黄姑鱼肉质较松粗，鲜美嫩滑程度远不及黄
花鱼。

薰鲫

鲜鲫治极净，拭干。用甜酱酱过一宿，去酱，净油烹。微晾，茴、椒末揩匀①，柏枝薰之。

紫蔗皮、荔壳、松壳碎末薰，更妙。

不拘鲜鱼，切小方块，同法亦佳。

凡鲜鱼治净，酱过，上笼蒸熟，薰之皆妙。

又，鲜鱼入好肉汤煮熟，微晾，椒、茴末擦，薰，妙。

【注释】

①揩（kāi）：擦，抹。

【译文】

新鲜鲫鱼处理得特别干净，擦干。用甜酱酱渍一夜，去掉酱，干净菜油烹熟。稍微晾晒后，用茴香、花椒末将鱼身擦抹均匀，再用柏树枝熏烤。

用紫色甘蔗皮、荔枝壳、松子壳的碎末熏制，更好。

不论哪一种鲜鱼，切成小的方块，用同样的做法，味道也一样好。

但凡新鲜鱼肉，处理干净，用酱酱渍，上笼蒸熟，熏烤之后，都很美妙。

又一种方法：把新鲜鱼肉放进好的猪肉汤里煮熟，稍微晾晒一下，用花椒、茴香末擦抹鱼身，然后熏烤，味道美妙。

海蜇

海蜇洗净，拌豆腐煮，则涩味尽而柔脆。

切小块，酒酿、酱油、花椒醉之，妙。糟油拌亦佳。

【译文】

把海蜇清洗干净,拌上豆腐烧煮,则海蜇的涩味就会散尽而变得柔软脆美。

把海蜇切成小块,用酒酿、酱油、花椒醉渍,味道很妙。用糟油调拌,也很好。

鲈鱼脍

吴郡八九月霜下时[①],收鲈三尺以下,劈作鲙[②],水浸,布包沥水尽,散置盆内。取香柔花叶[③],相间细切,和脍拌匀。霜鲈肉白如雪[④],且不作腥,谓之"金齑玉鲙,东南佳味"[⑤]。

【注释】

①吴郡:古郡名。治今江苏苏州,辖今江苏苏州、无锡等地,以及浙江杭州、嘉兴等地。

②鲙(kuài):同"脍",细切的鱼或肉,这里指将鱼先劈成薄片,再细切成条。

③香柔花:即香薷(rú),又名香菜、香茸、香菜、蜜蜂草。味辛性微温,无毒,可作蔬菜食用,可供药用,也可提取芳香油,可用于伤暑、水肿、心烦胁痛、鼻血不止。

④霜鲈:霜后鲈鱼。

⑤金齑(jī)玉鲙,东南佳味:语出唐代刘𫗧《隋唐嘉话》:"吴郡献松江鲈,炀帝曰:'所谓金齑玉脍,东南佳味也'"。齑,同"齑",捣碎的姜、蒜、韭菜等。

【译文】

在苏浙地区,农历八九月下霜的时候,取

鲈鱼新笋图

三尺长以下的鲈鱼，劈成薄片，再切成细条，用清水浸泡，再用布包好，把水分沥干，散放在盆里。取香薷的叶子，间隔着切细，和鲈鱼肉调拌均匀。霜鲈肉洁白如雪，而且没有腥味，人们称作"金齑玉脍，东南佳味"。

【点评】

西晋吴人张翰在洛阳做官，见秋风起而想到故乡的莼羹、鲈鱼鲙，因怀念家乡的美食而辞官回乡。唐代房玄龄《晋书·文苑传》记载：张翰在洛，"因见秋风起，乃思吴中菰菜莼羹、鲈鱼脍，曰：'人生贵得适志，何能羁宦数千里以要名爵乎？'遂命驾而归"。"莼鲈之思"，也就成了思念故乡的代名词。唐代诗人李白《秋下荆门》诗曰："霜落荆门江树空，布帆无恙挂秋风。此行不为鲈鱼鲙，自爱名山入剡中。"

金齑玉脍，最早记载见于北魏贾思勰《齐民要术·八和齑》："蒜一、姜二、橘三、白梅四、熟栗黄五、粳米饭六、盐七、酱八。"所谓金齑，是指齑中的熟栗黄，"谚曰：金齑玉脍，橘皮多则不美，故加栗黄，取其金色，又益美味甜"；玉脍，是指鱼肉白色如玉，但未明确用什么鱼。至隋炀帝时，玉脍才明确指为鲈鱼片，且将切过的香柔花叶，拌和在生鲈鱼片里，增色增味。

蟹

酱蟹、糟蟹、醉蟹精秘妙诀

制蟹要诀有三：其一，雌不犯雄[①]，雄不犯雌，则久不沙[②]；其一，酒不犯酱，酱不犯酒，则久不沙酒、酱合用，止供旦夕；其一，必须全活，螯足无伤[③]。

忌嫩蟹。忌火照[④]。或云：制时逐个火照过，则又不沙。

【注释】

①犯：遭遇。这里指把两样东西放在一起。

②沙：这里指像沙一样松散、容易流失的意思。

③螯（áo）：螃蟹等节肢动物变形的第一对脚，形状像钳子。

④火照：捕蟹时用灯火照射。

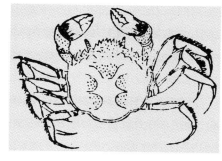

蟹

【译文】

做蟹的要诀有三条：其一，雌蟹雄蟹不能放在一起腌制，这样就能使蟹黄、蟹膏保持不沙；其二，酒、酱不能合用，这样的蟹肉就可以长时间保持不沙。酒、酱合用腌渍出来的螃蟹，只能在短时间内供食，时间一长，就变沙了；其三，蟹一定是要全活的，螯足没有伤残的。

做蟹忌用嫩蟹。捕蟹时忌用灯火照射。也有人说："烹调螃蟹时，逐个用灯火照射，则又不会沙了。"

【点评】

自古以来蟹即是非常美味的食物，《周礼·天官·庖人》记载："（庖人）共祭祀之好羞"，东汉郑玄注曰："谓四时所为膳食，若荆州之鳝鱼，青州之蟹胥。"《天中记》引东汉郭宪《汉武洞冥记》卷三记载："善苑国尝贡一蟹，长九尺，有百足四螯，因名百足蟹。煮其壳胜于黄胶，亦谓之螯胶，胜于凤喙之胶也。"宋代《太平御览》引《岭南异物志》云："尝有行海得州渚，林木甚茂，乃维舟登崖，曝于水旁，半炊而林没，于是遽断其缆，乃得去，详视之，大蟹也。"明代李时珍《本草纲目》记载："凡蟹，生烹、盐藏、糟收、酒浸、酱汁浸皆为佳品。"

螃蟹，东晋葛洪《抱朴子》称之为"无肠公子"。螃蟹性寒、味咸，归肝、胃经，肉和内脏含蛋白质、脂肪、维生素A、B1、B2和烟酸、钙、磷、铁、谷氨酸、甘氨酸、脯氨酸、组氨酸、精氨酸等多种氨基酸，微量的胆甾醇；蟹壳含碳酸钙、蟹红素、蟹黄素、甲壳素、蛋白质等，可作佳肴，可为补品，也可入药，有清热解毒、补骨添髓、养筋接骨、活血祛痰、利湿退黄、利肢节、滋肝阴、充胃液之功效，对于瘀血、黄疸、腰腿酸痛和风湿性关节炎等有一定的食疗效果。吃蟹也是一种闲情逸致的文化享受，南朝宋刘义庆《世说新语·任诞》即记载，东晋毕卓（字茂世）嗜酒，曾经说："一手持蟹螯，一手持酒杯，拍浮酒池中，便足了一生。"

但螃蟹性味寒咸，富含蛋白质，有高胆固醇、高嘌呤，易动风，又是食腐动物，鳃、沙包、内脏含有大量细菌和毒素，在煮制、食用时必须有所节制与禁忌。北宋寇宗奭《本草衍义》记载："此物极动风，体有风疾人，不可食。"明代李时珍《本草纲目》记载："不可同柿及荆芥食，发霍乱，动风。"明代缪希雍《本草经疏》记载："脾胃寒滑，腹痛喜热恶寒之人，咸不宜食。"体质过敏的人吃蟹容易诱发并加剧人体的过敏反应，引发皮疹、哮喘等，严重者会引起过敏性休克。痛风、感冒、肝炎及心血管疾病患者、孕妇也不宜食蟹。在煮制过程中，宜加入一些紫苏叶、鲜生姜，以解蟹毒、减寒性。在食用时，必须去除鳃、沙包和内脏，同时需要蘸点姜末醋汁以祛寒杀菌，而不宜单食。螃蟹不可与红薯、南瓜、蜂蜜、橙子、梨、石榴、西红柿、香瓜、花生、蜗牛、芹菜、柿子、兔肉、荆芥同食；吃蟹时和吃蟹后一小时内也宜忌饮冷饮、茶水，以免引发腹泻。生蟹、醉腌未透的蟹、存放过久而变冷的熟蟹是不宜食用的。

上品酱蟹

大坛内闷酱，味厚而甜。取活蟹，每个用麻丝缠定。以手捞酱，搪蟹如泥团①。装入坛，封固。两月开，脐壳易脱，可供。如剥之难开，则未也，再候之。

此法酱厚而凝密，且一蟹自为一蟹，又止吸甜酱精华，风味超妙殊绝②食时用酒洗酱，酱仍可用。

【注释】

①搪（táng）：均匀地涂上泥或涂料，这里指将酱涂在螃蟹上。

②殊绝：指差别，差异。

【译文】

准备好在大坛子里闷制的酱，味道醇厚又透着甜味的。取鲜活的螃蟹，每个螃蟹都用麻绳缠扎好。用手把酱捞出来，均匀地涂抹在螃蟹身上，如同一个泥团。然后装进坛子里，密封结实。两个月过后，打开坛子。如果这时螃蟹的脐壳很容易剥掉，就可供食用了。如果很难剥开，则还不能食用，再等一等。

这种方法酱浓厚而且凝固密实，并且一只蟹各自是一只蟹，又仅仅吸取甜酱的精华，风味超级美妙特别不同食用时用酒洗酱，酱还可以用。

糟蟹 用酒浆糟，味虽美，不耐久

三十团脐不用尖①，老糟斤半半斤盐。好醋半斤斤半酒，八朝直吃到明年②。

蟹脐内每个入糟一撮。坛底铺糟一层，再一层蟹，一层糟灌满，包口。即大尖脐，如法糟用亦妙。须十月大雄乃佳。

蟹大，量加盐糟。

糟蟹坛上用皂角半锭③，可久留。

蟹必用麻丝扎。

【注释】

①三十团脐（qí）不用尖：取用三十只团脐螃蟹，不用尖脐的。团脐，指母螃蟹，腹内黄子多；尖脐，指公螃蟹，腹内油多。明代周履靖《群物奇制》有诗云："三十团脐不用尖，陈糟斤半半斤盐，再加酒醋各半碗，吃到明年也不腌。"与此歌诀内容相似。脐，指蟹的腹部。

②八朝直吃到明年：八天可吃，能一直保存到第二年。八朝，指八天。其他文献记载

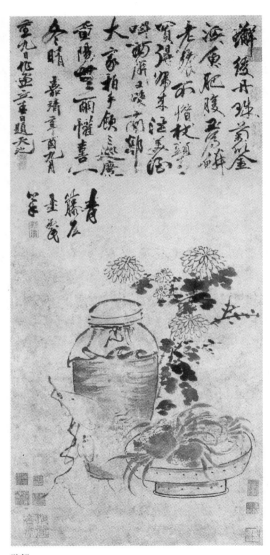

醉蟹

略有不同。元代《居家必用事类全集》、明代《便民图纂》的"糟蟹"均记载为"七日"。

③皂角半锭（dìng）：皂角，别名鸡栖子、大皂荚、悬刀、乌犀等。扁平，褐色，是洗涤用品、化妆品，也是医药食品、保健品的天然原料，性温味辛咸，归肺经、大肠经，有祛痰止咳、开窍通闭、杀虫散结等功效，主治痰咳喘满、中风口噤、痰涎壅盛、神昏不语、癫痫、喉痹、二便不通、痈肿疥癣等。锭，本指金属或药物等制成的块状物，这里指成锭的东西。

【译文】

有歌诀说："三十团脐不用尖，老糟斤半半斤盐。好醋半斤斤半酒，八朝直吃到明年。"

在每个螃蟹腹内放入一小撮酒糟。在坛子底部铺上一层酒糟，放上螃蟹，再铺一层酒糟把坛子灌满，把坛口包起来。即便是大尖脐的螃蟹，按照这种方法糟制食用，也很美妙。一定选用农历十月大个雄蟹，才够好。

螃蟹个大，就酌量加盐、加糟。

在糟蟹的坛子上放置半块皂角，这样的糟蟹可以保留很长时间。

螃蟹一定要用麻绳扎捆好。

【点评】

糟渍法本为我国食品加工保藏的方法之一，加糟（酒糟或酒酿）封藏，鱼肉禽蛋等常用。隋唐时期，糟蟹成为一种比较流行的吃蟹法。隋炀帝以蟹为第一食品，北宋陶谷《清异录》记载："炀帝幸江都，吴中贡糟蟹、糖蟹。每进御，则上旋洁拭壳面，以金缕龙凤花云贴其上。"南宋曾几《糟蟹》诗云："风味端宜配曲生，无肠公子藉糟成。"认为糟蟹别有一番风味。南宋杨万里《糟蟹》诗云："横行湖海浪生花，糟粕招邀到酒家。酥片满螯凝作玉，金穰镕腹未成沙。"认为糟蟹似玉如金，美味可口。宋元时期流行吃"洗手蟹"，是以盐、酒、橙皮、花椒等调料腌渍而成。

醉蟹

寻常醉法：每蟹用椒盐一撮入脐，反纳坛内[1]，用好酒浇下，与蟹平略满亦可，再加椒粒一撮于上。每日将坛斜侧转动一次，半月可供。用酒者断不宜用酱[2]。

【注释】

①反纳：反过来放置。纳，收入，放进。

②断不宜：断，一定，绝对。宜，适合，适当。

【译文】

普通的醉蟹做法：每一只蟹都用一小撮椒盐放进蟹腹里，再把螃蟹翻过来装进坛子，用质量好的酒浇注，与螃蟹齐平稍微满一点也可以，再在上面加放一小撮花椒粒。每天将坛子斜侧着转动一次，半月过后就可供食用了。用酒醉过的螃蟹，绝对不适宜再用酱腌渍。

煮蟹 倪云林法①

用姜、紫苏、橘皮、盐同煮。才大沸便翻，再一大沸便啖。凡旋煮旋啖，则热而妙。啖已再煮。捣橙虀、醋供②。

孟诜《食疗本草》云③：蟹虽消食，治胃气、理经络，然腹中有毒，中之或致死。急取大黄、紫苏、冬瓜汁解之。又云：蟹目相向者不可食。又云：以盐渍之，甚有佳味。沃以苦酒④，通利支节。又云：不可与柿子同食。发霍泻。

陶隐居云⑤：蟹未被霜者⑥，甚有毒，以其食水莨⑦音建也。人或中之，不即疗则多死。至八月，腹内有稻芒，食之无毒。

《混俗颐生论》云⑧：凡人常膳之间，猪无筋，鱼无气，鸡无髓，蟹无腹，皆物之禀气不足者，不可多食。

凡熟蟹劈开，于正中央红盍外黑白翳内有蟹鳖⑨，厚薄大小同瓜仁相似，尖棱六出，须将蟹爪挑开⑩，取出为佳。食之腹痛，盖蟹毒全在此物也。

【注释】

①倪云林法："煮蟹"采用的是倪云林的方法。倪云林，即倪瓒（1301—1374）：元代画家、诗人，初名珽，字泰宇，后字元镇，号云林居士、云林子，或云林散人，无锡（治今江苏无锡）人。倪瓒博学好古，家雄于财，四方名士日至其门。元顺帝至正初散尽家财予以亲故，未几兵兴，逃至渔舟得以灾免。入明以后，黄冠野服，混迹编氓。工诗画，画山水意境幽深，有《清閟阁集》，与黄公望、王蒙、吴镇为元季四家。

②捣橙虀（jī）、醋供：把橙子捣碎，与醋调拌在一起，供吃螃蟹时蘸用。

③孟诜《食疗本草》：孟诜（621—713），唐代汝州（治今河南汝州）人，少好医药及炼丹术，尝师事孙思邈学习阴阳、推步、医药，著有《食疗本草》。《食疗本草》，即《食疗

本草》，"潦"，"疗"的繁体字"療"字之误，唐代食物药治病专书，《旧唐书·艺文志》有存目。近人范行准认为原书是孟诜《补养方》，后经张鼎增补而易为此名。《食疗本草》原书已佚，仅有残卷及佚文散见于《医心方》、《证类本草》等著述中，1907年敦煌出土该书残卷，存药26味。

④沃：灌溉，浇的意思。

⑤陶隐居：即陶弘景（456—536），字通明，自号隐居先生或华阳隐居先生，南朝梁时丹阳秣陵（治今江苏南京）人，著名的医药家、炼丹家、文学家，人称"山中宰相"。作品有《本草经集注》、《集金丹黄白方》、《二牛图》等。

⑥被霜：经历风霜。被，同"披"。

⑦水茛：别名毛茛（gèn），又名毛建。味辛性温，有毒，种子、根茎和叶均可入药。外用发泡攻毒止痛，可用于鹤膝风，牙痛，偏头痛的治疗，也可用于风湿痹痛，疟疾，胃痛，哮喘，疥癣等。捣烂撒粪坑或脏水坑内，可杀灭蛆，孑孓。

⑧《混俗颐生论》：即《混俗颐生录》，宋代刘词所撰养生专著，全书分述了饮食、饮酒、患劳、患风、户内、禁忌及春夏秋冬四时等方面的养生原则与方法。

⑨于正中央红盍（huāng）外黑白翳内有蟹鳖：盍，血。蟹鳖，俗称"六角虫"，即蟹的心脏，这是靠近头胸部中上方的蟹黄或蟹油处，呈六角形，灰白色，性寒不宜食。

⑩将：用。

【译文】

把蟹用生姜、紫苏、橘皮、盐放在一起煮。初次滚沸，便把螃蟹翻过来再煮，再次滚沸后，便可以食用了。但凡煮食螃蟹，即煮即吃，则蟹热而味妙。吃完了再另煮新的。把橙子捣碎，作成橙齑，与醋调拌在一起，供吃螃蟹时蘸用。

孟诜《食疗本草》记载：螃蟹虽然有消食功效，治胃气、理经络，但腹内有毒素，中了这种毒之后，有可能致死。马上取来大黄、紫苏、冬瓜汁，或可解毒。该书还记载：两眼相对的螃蟹，不可以食用。又记载：螃蟹用盐腌渍过后，味道很是美妙。用苦酒腌渍过后，有通利肢节的功效。另外还记载：螃蟹不能和柿子同食，能引发霍泻。

陶弘景认为：没有经历风霜的螃蟹，毒性很大，因为螃蟹以水莨音建为食。人如果食物中毒，不立刻治疗，则多半丧命。到了农历八月，螃蟹腹内有稻芒，食用这样的螃蟹没有毒。

《混俗颐生论》记载：但凡人们经常食用的食物，猪没有蹄筋、鱼没有力气、鸡没有骨髓、蟹无腹腔，都是生物禀气不足的表现，不可以吃得太多。

凡是烹熟了的螃蟹，劈开之后，在正中央红黄外边、黑白翳内，有六角虫，大小厚薄和瓜仁差不多，六条尖棱，一定要用蟹爪挑开，取出来为好。如果吃了它，就容易肚疼，螃蟹的毒全在这里了啊。

蒸蟹

蟹浸多水，煮则减味。法：用稻草搥软，挽匾髻①，入锅，水平草面，置蟹草上蒸之，味足。

山药、百合、羊眼豆等，俱用此法。

【注释】

①匾：一种用竹篾编成的器具，下底圆形，边框浅。髻（jì）：在头顶或脑后盘成各种形状的头发。

【译文】

如果螃蟹用很多水浸泡，则蒸煮过后，味道就变淡了。正确的方法是：把稻草搥打变软，挽成竹匾或发髻的形状，放到锅里，水和稻草保持同一平面，把螃蟹放在稻草上面蒸煮，味道劲足。

蒸煮山药、百合、羊眼豆等，都使用这种烹饪方法。

【点评】

　　明代吕毖《明宫史》记载宫廷内的螃蟹宴说："凡宫眷内臣吃蟹，活洗净，蒸熟，五六成群，攒坐共食，嬉嬉笑笑，自揭脐盖，细细用指甲挑剔，蘸醋蒜以佐酒。或剔蟹胸骨，八路完整如蝴蝶式者，以示巧焉。"明末清初文学家、戏剧家李渔嗜食螃蟹，人称"蟹仙"，曾经说"予于饮食之美，无一物不能言之……独于蟹螯一物，心能嗜之，口能甘之，无论终身一日皆不能忘之"，又曰"蟹之鲜而肥，甘而腻，白似玉而黄似金，已造色、香、味三者之至极，更无一物可以上之"，"凡食蟹者，只合全其故体，蒸而熟之，贮以冰盘，列之几上，听客自取自食……则气与味纤毫不漏"。

禽之属

鸭羹

　　肥鸭煮七分熟，细切骰子块，仍入原汤，下香料、酒、酱、笋、蕈之类[1]，再加配松仁，剥白核桃更宜。

【注释】

　　[1]蕈（xùn）：生长在树林里或草地上的某些高等菌类植物。有的可食，有的有毒。

【译文】

　　将肥鸭子煮到七分熟，捞出来细细切成骰子大小，再放进原来的汤汁中，把香料、料酒、酱、竹笋、蕈之类的佐料下进去，再加配松子仁，剥白的核桃更为适宜。

鸡鲊

　　肥鸡细切，每五斤入盐三两、酒一大壶，腌过宿。去卤，加葱丝五两，橘丝四两，花椒末半两，莳萝、茴香、马芹各少许，红曲末一合，酒半斤，拌匀，入坛按实，箬封。

猪、羊、精肉皆同法。

治鹅鸭画像砖

【译文】

将肥鸡细细切块，每五斤鸡肉加三两盐、一大壶料酒，腌渍过夜。去掉卤汁，加五两葱丝，四两橘丝，半两花椒末，莳萝、茴香、香菜各少许，一合红曲末，半斤料酒，调拌均匀，放进坛子里，按捺结实，用箬叶密封坛口。

猪鲊、羊鲊、精肉鲊的做法相同。

【点评】

鸡酢可保存数月不变味，每日可取鸡酢蒸熟后佐餐，有补中益气、补精添髓的功效，适用于气血不足、肾精亏虚之神疲乏力、腰酸腿软、头晕耳鸣、面色萎黄、食少便溏等症，也可用于中老年人日常保健。

鸡醢①

肥鸡白水煮半熟，细切。用香糟、豆粉调原汁，加酱油调和烹熟。

鹅、鸭、鱼同法制。

【注释】

①醢（hǎi）：指用肉、鱼等制成的酱，鸡醢即是鸡肉酱。

【译文】

　　把肥鸡用白开水煮到半熟，细细切成肉块。用香糟、豆粉调拌原汁，加上酱油调和煮熟。鹅醢、鸭醢、鱼醢按照相同的做法烹调。

鸡豆

　　肥鸡去骨剁碎，入锅，油炒，烹酒、撒盐、加水后，下豆，加茴香、花椒、桂皮同煮至干。每大鸡一只，豆二升。

　　"肉豆"同法。

【译文】

　　把肥鸡剔除骨头剁碎，放入锅里，用油煎炒，再用酒烹调，撒上盐，放入清水，之后，把豆子下进去，加上茴香、花椒、桂皮一起煮，直到水干。每一只大个肥鸡，需要二升豆子。

　　"肉豆"的做法与此相同。

鸡松

　　鸡用黄酒、大小茴香、葱、椒、盐、水煮熟。去皮、骨，焙干。擂极碎，油拌，焙干收贮。

　　肉、鱼、牛等松同法。

【译文】

　　把鸡肉用黄酒、大小茴香、葱、花椒、盐、清水煮

鸡

熟。剔除鸡皮、骨头，用微火烤干。研磨成细粉，用菜油调拌，再用微火烤干，收藏贮存起来。

肉松、鱼松、牛肉松的做法相同。

蒸鸡

嫩鸡治净，用盐、酱、葱、椒、茴香等末匀擦，腌半日，入锡镟蒸一炷香。取出，斯碎^①，去骨，酌量加调滋味。再蒸一炷香，味甚香美。

鹅、鸭、猪、羊同法。

【注释】

①斯：裂，扯开。

【译文】

把嫩鸡处理干净，用盐、酱以及葱花、花椒、茴香等的细末涂抹均匀，腌渍半天，放入锡镟中蒸上个把小时。然后取出来，把鸡肉撕碎，剔除骨头，酌量加放调味佐料，再蒸上个把小时，味道特别香美。

蒸鹅肉、鸭肉、猪肉、羊肉的做法与此相同。

炉焙鸡

肥鸡，水煮八分熟，去骨，切小块。锅内熬油略炒，以盆盖定。另锅，极热酒、醋、酱油，相半香料并盐少许烹之^①。候干，再烹。如此数次，候极酥极干，取起。

【注释】

①相半：相伴。半，"伴"字之误。烹：做菜方法之一，先用热油略炒之后，再加入液体调味品，迅速搅拌，随即盛出。

【译文】

把肥鸡用清水煮到八分熟，剔除骨头，切成小块。在一口锅里熬好油，把鸡肉略为炒一下，用盆盖好。在另一口锅里把料酒、食醋、酱油煮到极热，然后与香料、少量盐一起倒进鸡肉锅中烹制。等汤汁变干后，再次烹制。如此反复数次，等鸡肉变得特别酥特别干的时候，再盛出来。

煮老鸡

猪胰一具，切碎，同煮，以盆盖之，不得揭开。约法为度^①，则肉软而佳鹅、鸭同。或用樱桃叶数片老鹅同，或用饧糖两三块^②，或山查数枚，皆易酥鹅同。

【注释】

①约法为度：严格按照这一方法作为烹制标准。约，指必须遵守的条件。

②饧（xíng）糖：麦芽糖、糖稀。

【译文】

猪胰一条，切碎，同老鸡一起烧煮，用盆盖好，不能揭开。严格按照这一方法作为烹制标准，则做出来的鸡肉又软又好老鹅肉、老鸭肉同样做法。也可以放入数片樱桃叶老鹅同样做法，或两三块饧糖，或数粒山楂，都能促使老鸡肉容易变得酥软老鹅做法相同。

饨鸭

肥鸭治净，去水气尽。用大葱斤许，洗净，摘去葱尖，搓碎，以大半入鸭腹，以小半铺锅底。酱油一大碗、酒一中碗、醋一小杯，量加水和匀，入锅。其汁须灌入鸭腹，外浸起，与鸭平稍浮亦可。上铺葱一层，核桃四枚，击缝勿令散，排列葱上，勿没汁内。大钵覆之^①，绵纸封锅口。文武火煮三次^②，极烂为度。葱亦极美<small>即"葱烧鸭"</small>。鸡、鹅同法。但鹅须加大料，绵缕包料入锅。

【注释】

①钵（bō）：洗涤或盛放东西的陶制的器具，形状像盆而较小，腰部凸出，钵口钵底向中心收缩，直径比腰部短，用来盛装饭菜，不易溢出，也能保温。

②文武火：用于烧煮的文火与武火。文火，火力小而弱；武火，火力大而猛。

【译文】

把肥鸭子处理干净，再把水分去干。用斤把大葱，要清洗干净，摘去葱尖，搓碎，大半放进鸭肚里，小半铺锅底。再准备一大碗酱油、一中碗料酒、一小杯食醋，酌量加清水调和均匀，倒入锅里。汤汁一定要灌进鸭肚里，也要把鸭子外面浸泡起来，与鸭子齐平<small>鸭子稍微浮起一点也可以</small>。上面铺上一层大葱，再取四枚核桃，要敲开缝但不能让桃仁碎散，然后排放在大葱上面，不要浸没在汤汁中。用大钵将锅盖好，再用绵纸密封锅口。用文火、武火烧煮三次，直到特别熟烂为止。大葱的味道也很美<small>即"葱烧鸭"</small>。炖鸡、炖鹅的做法与此相同。但炖鹅一定需要加放大料，要用绵缕包好放入锅里一起炖煮。

让鸭

鸭治净，胁下取孔^①，将肠杂取尽，再加治净。精制猪油饼子剂入满^②，外用茴、椒、大料涂满。箸片包扎固，入锅，钵覆。同"饨鸭"法饨熟^③。

【注释】

①胁（xié）下取孔：在鸭子翅膀下面开一个口。胁，从腋下到肋骨尽处的部分。

②猪肉饼子剂：指用猪肉制作的肉馅。

③饨（tún）：疑为"炖"字之误。

【译文】

把鸭子处理干净，在翅膀下面挖一个孔，去掉肠子等内脏杂物，然后再次清洗干净。用精心制作的猪油饼剂子装满鸭肚子，鸭子外面再涂满茴香、花椒、大料。然后用箬叶将鸭子包裹结实，放入锅里，用钵盖好。和"炖鸭"的做法一样，把鸭子炖熟。

【点评】

让鸭，即"酿鸭"。让，古同"攘"；"酿"，繁体字为"釀"，因"攘"、"釀"形似而导致"让"、"酿"混用。

坛鹅

鹅煮半熟，细切。用姜、椒、茴香诸料装入小口坛内。一层肉，一层料，层层按实。箬叶扎口极紧，入滚水煮烂。破坛，切食。

猪蹄及鸡同法。

【译文】

把鹅烧煮半熟，细细切成肉块。用生姜、花椒、茴香等调料装入小口坛子里。一层鹅肉，一层调料，层层按捺结实。再用箬叶把坛子口捆扎得特别严紧，放入滚烫的开水中煮到熟烂。打开坛子，切着食用。

坛猪蹄和坛鸡的做法与此相同。

封鹅

鹅治净，内外抹香油一层。用茴香、大料及葱实腹，外用长葱裹缠，入锡罐盖住。罐高锅内，则覆以大盆或铁锅。重汤煮。俟箸扎入透底为度。鹅入罐，通不用汁。自然上升之气，味凝重而美。吃时再加糟油，或酱醋随意。

【译文】

把鹅处理干净，里里外外都抹上一层香油。用茴香、大料以及大葱填满鹅肚，外面再用长一点的大葱缠裹一遍，放进锡罐中盖好。如果锡罐比锅高，则用大盆或铁锅盖住。用隔水蒸煮的方法烧煮。一直煮到用筷子可以扎透鹅为准。鹅放进罐子里的时候，一概不用汤汁。调料气味自然上升，鹅肉的味道凝重而美妙。吃的时候再加放糟油，或者随意调和酱油、食醋。

【点评】

茴香，即小茴香，别名茴香子、茴香、怀香、香丝菜等，味辛性温，入肾、膀胱、胃经，有开胃进食、理气散寒、有助阳道等功效，可用于中焦有寒，食欲减退，恶心呕吐，腹部冷痛；疝气疼痛，睾丸肿痛；脾胃气滞，脘腹胀满作痛，有实热、虚火者不宜。大料即八角，又称八角茴香、五香八角、大茴香等，具有强烈香味，有驱虫、温中理气、健胃止呕、祛寒、兴奋神经等功效。

群鹅图

制黄雀法

肥黄雀，去毛、眼净。令十许岁童婢以小指从尻挖雀腹中物尽[1]雀肺若聚得碗许，用酒漂净[2]，配笋芽、嫩姜、美料、酒、酱烹之，真佳味也。入豆豉亦妙，用淡盐酒灌入雀腹，洗过，沥净。一面取猪板油，剥去筋膜，搥极烂，入白糖、花椒、砂仁细末、飞盐少许，斟酌调和。每雀腹中装入一二匙，将雀入磁钵，以尻向上，密比藏好[3]；一面备腊酒酿、甜酱、油、葱、椒、砂仁、茴香各粗末，调和成味。先将好菜油热锅熬沸，次入诸味煎滚，舀起，泼入钵内，急以磁盆覆之。候冷，另用一钵，将雀搬入，上层在下，下层在上，仍前装好。取原汁入锅，再煎滚，舀起，泼入，盖好。候冷，再如前法泼一遍，则雀不走油而味透。将雀装入小坛，仍以原汁灌入，包好。若即欲供食，取一小瓶，重汤煮一顷，可食。如欲久留，则先时止须泼两次。临时用重汤煮数刻便好。雀卤留顿蛋或炒鸡脯[4]，用少许，妙绝。

【注释】

①童婢（bì）：未成年的女子，小女孩，这里泛指儿童。尻（kāo）：屁股，脊骨的末端，这里指黄雀肛门。

②漂（piǎo）：用水冲洗去杂质。

③密比：紧密排列。

④脯（fǔ）：肉干。

【译文】

把肥黄雀去掉羽毛和眼睛，处理干净。叫一个十来岁的小使女，用小指头从黄雀尻间伸进去，挖空黄雀肚子里内脏如果黄雀较多，雀肺能收集到一碗多，用料酒漂洗干净，配上笋芽、嫩姜、美味调料、料酒、酱油烹煮，是真正的美味佳肴。放入豆豉一起煮，味道也很美妙，把清淡的盐和酒灌进黄雀肚子，洗净黄雀，沥干水分。一边是取来猪板油，剥去筋膜，搥打到稀烂，加入白糖、花椒

雀

和砂仁的细末，少量飞盐，斟酌调和均匀。在每只黄雀的肚子里装入一两汤匙的调料，再把黄雀装进瓷钵中，屁股朝上，一个挨着一个地收藏好；另一边是准备好腊月做下的酒酿、甜酱、菜油、大葱、生姜、砂仁和茴香粗末，搅拌好做成调味佐料。先把质量好的菜油在热锅里熬开，然后加入前面准备好的各种调料，一起煎煮到滚开，把汤汁舀起来，泼进瓷钵中，并马上用瓷盆盖住。等汤汁凉了之后，另外拿一口瓷钵来，把黄雀倒进去，原来在上面的黄雀就放在下面，原来在下面的黄雀就放到上面，仍然像前面一样装好。把原来浇泼黄雀的汤汁放到锅里再烧煮滚开，舀出来，再泼到瓷钵中，然后再盖好盖子。等汤汁凉了以后，再按前面的做法浇泼一次，这样的话，黄雀就不走油而且也被调料浸透了味道。再把黄雀装到小坛子里，仍然用原来的汤汁灌进去，包扎好坛子口。如果想马上食用，取出来一小瓶用隔水煮的方法煮一会儿，就可以吃了。如果想保留时间长一点，那么前面只泼两次汤汁就够用了。在食用的时候，用隔水煮的方法煮，不一会就可以了。浇泼黄雀的卤汁可以留下来炖鸡蛋或是炒鸡脯，只要加上少量一点，味道十分绝妙。

卵之属

百日内糟鹅蛋

新酿三白酒，初发浆[1]，用麻线络着鹅蛋[2]，挂竹棍上，横挣酒缸口[3]，浸蛋入酒浆内。隔日一看，蛋壳碎裂，如细哥窑纹④。取起，抹去碎壳，勿损内衣⑤。预制酒酿糟，多加盐拌匀，以糟搪蛋上⑥，厚倍之，入坛。一大坛可糟二十枚。两月余可供初出三白浆时，若触破蛋汁，勿轻尝。尝之辣甚，舌肿。酒酿糟后，拔去辣味⑦，沁入甜味，佳。

【注释】

①初发浆：刚刚发出酒浆。

②络：缠绕。

③挣：用力支撑。

④哥窑纹：指宋代浙江哥窑所产瓷器釉面上的疏密不同的裂纹。哥窑，宋代著名五大名窑之一。它的主要特征是釉面有大大小小不规则的开裂纹片，俗称"开片"或"文武片"。细小如鱼子的叫"鱼子纹"，开片呈弧形的叫"蟹爪纹"，开片大小相同的叫"百圾碎"。

⑤内衣：鹅蛋壳内的薄膜。

⑥搪（táng）：均匀地涂上泥或涂料，这里指将酒酿糟涂在鹅蛋上。

⑦拔：吸出。

【译文】

酿制三白酒在刚刚发出酒浆的时候，用麻绳缠捆着鹅蛋，悬挂在竹棍上面，竹棍则横着撑在酒缸口，让鹅蛋浸到酒浆里面。隔一天去观察，蛋壳出现破碎裂纹，如同细哥窑纹一样。把鹅蛋捞起来，剥掉碎壳，但不要弄

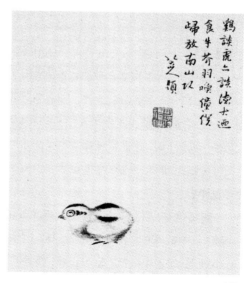

鸡雏

坏蛋壳里的薄膜。取来预先准备好的酒酿糟，多加点盐调拌均匀。把酒酿糟涂抹在鹅蛋上，要有鹅蛋横径一倍的厚度，再装进坛子里。一个大坛子可以糟制鹅蛋二十枚。两个多月过后，就可供食用了鹅蛋刚刚从三白酒浆中捞出来的时候，如果碰破了，沾上了酒汁，不要轻率地去尝食。如果尝食的话，味道特别辣，能让舌头肿痛。酒酿糟腌渍过后，能把辣味拔掉，并沁入甜甜的味道，妙不可言。

酱煨蛋

鸡、鸭蛋煮六分熟，用箸击壳细碎，甜酱搀水，桂皮、川椒、茴香、葱白一齐下锅，煮半个时辰，浇烧酒一杯。

鸡、鸭蛋同金华火腿煮熟，取出，细敲碎皮，入原汁再煮一二炷香，味甚鲜美。

剥去壳，薰之，更妙。

【译文】

将鸡蛋、鸭蛋烧煮六成熟，然后用筷子把蛋壳敲打细碎，用甜酱掺水，连同桂皮、川椒、茴香、葱白一齐下锅，煮上一个小时，再浇上一杯烧酒。

把鸡蛋、鸭蛋连同金华火腿一起煮熟后，捞出来，把蛋壳敲得细碎，放进原来的汤汁中再煮一两个小时，味道特别鲜美。

把蛋壳剥掉，熏制，味道更妙。

【点评】

鸭蛋性寒，身体有寒的人是不宜多吃的，而《食宪鸿秘》所记载的"酱煨蛋"却有补益脾胃、温中散寒的功效。酱煨蛋用料中的桂皮味辛性热，可补元阳、暖脾胃、除积冷；花椒味辛性温，可温中散寒、除湿止痛；茴香同样味辛性温，可开胃进食，理气散寒；葱白也是味辛性温，可发汗解表，通阳利尿；烧酒则是味辛性大热，能通血脉，御寒气，醒脾温中，行药势。这四五种用料混在一起使用，辛热偏重，用微寒的鸭蛋来缓和一下，既能祛散体内寒性，又能防止过热而补益脾胃。酱煨蛋可以治疗脾胃虚寒造成的脘腹冷痛、形寒肢冷、大便溏泻、肠鸣腹痛、神疲乏力、不思饮食、面白体瘦等症，也可以用作秋冬季节的日常保健食品。由于它辛香温燥，阴亏血燥者不要食用。

蛋腐

凡顿鸡蛋须用一双箸打数百转方妙。勿用水，只以酒浆、酱油及提清鲜汁或酱烧肉美汁调和代水，则味自妙。

入香蕈^①、虾米、鲜笋诸粉，更妙。

顿时，架起碗底，底入水止三四分。上盖浅盆，则不作蜂窠^②。

【注释】

①香蕈（xùn）：即香菇。

②蜂窠（kē）：蜂窝。窠，昆虫、鸟兽的巢穴。

【译文】

但凡炖鸡蛋，一定要用一双筷子先把鸡蛋打上数百转方才为好。不要使用清水，只用酒浆、酱油及提清鲜汁，或者酱烧肉的美汁调和代替清水，则鸡蛋的味道自然美妙。

拌入香蕈、虾米、鲜笋等各种食物的粉末，味道更妙。

炖鸡蛋的时候，把碗底架起来，碗底过水只有三四分即可。上面盖上浅盆，则蛋羹不会出现蜂窝状的孔洞。

食鱼子法

鲤鱼子，剥去血膜，用淡水加酒漂过，生绢沥干，置砂钵，入鸡蛋黄数枚同白用亦可。用锤擂碎，不辨颗粒为度加入虾米、香蕈粉，妙。**胡椒、花椒、**

葱、姜研末，浸酒，再研，澄去料渣，入酱油、飞盐少许，斟酌酒、酱咸淡、多少，拌匀，入锡镟蒸熟，取起，刀划方块。味淡，量加酱油抹上，次以熬熟香油抹上。如已得味，止抹熟油。松毬、荔子壳为末薰之①。

　　蒸熟后煎用，亦妙。

【注释】

　　①松毬：即"松球"。松球富含蛋白质、脂肪，味苦性温，主治风痹、肠燥便难、痔疾。

【译文】

　　把鲤鱼鱼子的血膜剔除，用淡水加酒漂洗干净，再用生绢把水分沥干，搁到砂钵中，再放入几枚鸡蛋蛋黄也可以同蛋白一起使用。用锤子敲得细碎，以难以分辨颗粒为准加入虾米、香蕈粉，味道更妙。把胡椒、花椒、大葱、干姜研磨成粉末，用酒浸拌，再细细研磨，把用料渣滓澄清，放入少量酱油、飞盐，斟酌酒、酱的咸淡与多少，一起调拌均匀。然后把鱼子、用料倒入锡镟中蒸熟，盛出来，用刀划成方块。如果味道偏淡，先酌量加抹一点酱油，再用熬熟的香油抹上。如果味道已经正好，只抹熬熟的香油就可以了。再把松球、荔枝壳研磨成粉末，用以熏制。

　　把鱼子蒸熟之后，放在热油里煎制，味道也很美妙。

皮蛋

　　鸡蛋百枚，用盐十两。先以浓茶泼盐成卤，将木炭灰一半，荞麦秸灰、柏枝灰共一半和成泥，糊各蛋上。一月可用。清明日做者佳。

　　鸭蛋秋冬日佳，以其无空头也。夏月蛋总不堪用。

【译文】

　　每鸡蛋一百枚，需要用盐十两。先用浓茶浇盐，制成盐卤，再和木炭灰、荞麦秸灰、柏枝灰调拌成泥，糊裹在每颗鸡蛋上面，其中木炭灰的量占一半，荞麦秸灰、柏枝灰合起来的量占一半。一个月过后，就可以食用了。清明节的时候开始制作鸡蛋皮蛋是比较好的。

鸭蛋皮蛋在秋天冬天里腌制则更好，因为蛋中没有空头。夏天的鸭蛋终归是难以使用。

腌蛋

先以冷水浸蛋一二日。每蛋一百，用盐六、七合，调泥，糊蛋入缸。大头向上。天阴易透，天晴稍迟。远行用灰盐，取其轻也。

腌蛋下盐分两[①]：鸡蛋每百用盐二斤半，鹅蛋每百盐六斤四两，鸭蛋每百用盐三斤十二两。

【注释】

①分两：分量。

【译文】

先用冷水把蛋浸泡一两天。每一百枚蛋，用六七合盐，把盐和泥调拌好，糊裹住蛋，放入缸里。蛋的大头要朝上。天阴的时候容易腌透，天晴的时候稍微慢一点。出远门的话，就用草木灰、盐和着糊蛋，这样是因为其分量轻巧。

腌蛋用盐的分量：鸡蛋每一百枚，用盐两斤半；鹅蛋每一百枚，用盐六斤四两；鸭蛋每一百枚，用盐三斤十二两。

肉之属

蒸腊肉

腊猪肘洗净，煮过，换水又煮，又换，凡数次。至极净、极淡，入深锡镟，加酒浆、酱油、花椒、茴香、长葱蒸熟。陈肉而别有鲜味[1]，故佳。蒸后易至还性[2]，再蒸一过，则味定。

凡用椒、茴，须极细末，量入[3]。否则，止用整粒，绵缕包，候足，取出。最忌粗屑。

煮陈腊肉，油哮气者[4]，将熟，以烧红炭数块淬入锅内[5]，则不油藡气[6]。

【注释】

①陈肉：指腊猪肘、腊肉，因腌制、陈放时间较长，故谓之"陈肉"。

②还性：苏醒、复生，这里指腊肉恢复原味。

③量入：适量加入。

④油哮气者：腊肉的油受热之后不断渗出，在煮沸的水中崩溅，叽叽作响，腊肉的美味也因此受到影响。哮，野兽的吼声。

⑤淬（cuì）入：指浸入或沉入水中。这里是指将烧红的炭火放入锅内，以达到不哮的目的。

⑥不油藡气：指猪油、菜油等放置时间久了，产生又苦又麻、刺鼻难闻的味道，即哈喇味。藡，同"茜"，多年生草本，根及根茎可制染料，又名地血；也可入药，又名活血草，味苦性寒，入肝经，有凉血止血、行血活络、祛痰止咳等功效。

猪

【译文】

把腊猪肘清洗干净，烧煮过后，换一锅清水再煮，再把水换掉，如此反复多次。等到腊肉煮得特别干净特别清淡之后，把腊猪肘放入深口的锡镟中，加酒浆、酱油、花椒、茴香、大葱一起蒸熟。猪肘虽然腌制陈放已久，但别有一种鲜嫩的味道，所以称得上是佳肴。蒸熟过后，腊肉容易变味，再蒸一次过后，则味道不再有变化。

但凡使用花椒、茴香，需要特别细碎的粉末，酌量加入。如果不这样，就只用整颗整粒的，用绵缕包裹好，等腊肉浸足了花椒、茴香的味道，再取出来。最忌讳使用花椒、茴香的粗屑。

烧煮陈年腊肉，猪油会在开水中崩溅，在腊肉快要煮熟的时候，用几块烧红的炭火，淬入锅内，油就不崩溅了，也不容易产生异味。

【点评】

腊肉是指冬天（多在腊月）腌制后风干或熏干的肉，以精肉色泽红润、肥肉淡黄透明、肉身干爽结实、富有弹性，并有腌制特殊香味者为优。腊肉味咸性平，具有温里祛寒、开胃消食等功效。腊肉防腐能力较强，在低温、干燥的环境中能保存较长时间，一般为3到6个月。腊肉属腌制食品，含有大量亚硝酸盐，不宜常食、多食，老年人宜忌食，胃和十二指肠溃疡患者应禁食。

如果腊肉色泽灰暗、肉身松软没有弹性，甚至出现霉斑，或是酸价超标，产生酸败、哈喇等异味，则多半属次品或是已经变质，不宜继续留用。搁置时间过长的腊肉，也容易寄生一种肉毒杆菌，耐高温高压、耐强酸，极易引发食物中毒。

金华火腿

用银簪透入内，取出，簪头有香气者真。

腌法：每腿一斤，用炒盐一两或八钱。草鞋搋软，套手恐热手着肉，则易败。止擦皮上，凡三五次，软如绵。看里面精肉盐水透出如珠为度，则用椒末揉之，入缸，加竹栅，压以石。旬日后，次第翻三五次，取出，用稻草灰层叠叠之。候干，挂厨近烟处，松柴烟薰之，故佳。

食
宪
鸿
秘

【译文】

用银簪子插进火腿里，再取出来，如果簪子头有一股香味，则是地道的金华火腿。

腌制的方法：每一斤火腿，准备一两或八钱炒盐。把草鞋搋软，套在手上担心热手碰到肉，容易使肉变质变味。沾着炒盐只涂抹火腿表皮，总共三到五次，使火腿变得柔软如绵。观察里层的精肉，以盐水渗出来如同玉珠一般为准，然后就掺用花椒末不停揉按，然后放入缸里，盖上竹栅，上面再用石头压住。十来天过后，依次翻三五次，取出来，用稻草灰隔层将火腿叠放起来。等风干过后，悬挂在厨房靠近出烟的地方，用松木柴火熏制，这样做出来的火腿所以味道好。

【点评】

这里是介绍金华火腿的腌制，同时说明了用银簪来辨别真假金华火腿的方法。火腿，即腌制的猪腿，又名"火肉"、"兰熏"，因其肉质嫣红似火得名，也有人认为其制作常用烟火熏烤，故称。清代赵学敏《本草纲目拾遗》："兰熏，俗名火腿，出金华，六属皆有，出东阳、浦江者更佳，有冬腿、春腿之分，前腿、后腿之别，冬腿可久留不坏，春腿交夏即变味，久则蛆腐。"火腿具有健脾开胃、生津益血的功用，能治疗虚劳怔忡、胃口不开、虚痢久泻等症，

羊

以浙江金华和云南宣威所产最为有名，历来被看做是席上佳肴，馈赠珍品。

据方志所载，金华火腿始创于南宋，发明人是抗金英雄宗泽（1059—1128）。宗泽是浙江婺州（今金华）义乌人，为了大量贮藏腌猪肉以便犒劳将士，防止其腐败，保持其色美味佳，他不辞辛苦同人民一道研究，于是创制了金华火腿。这虽然是传言，但数百年来，该地区火腿业的厅堂里都挂宗泽像，奉宗泽为创制火腿鼻祖之事则是真。此后，金华火腿列为贡品，至今已有八百多年历史。目前，

"金华火腿"的制法基本上都是按照《食宪鸿秘》的记录完成的，所以这里的"金华火腿"法，自然也就更加珍贵。

腊肉

肉十斤，切作二十块。盐八两、好酒二斤，和匀，擦肉，令如绵软。大石压十分干。剩下盐、酒调糟涂肉，篾穿，挂风处。妙。

又法：肉十斤。盐二十两，煎汤，澄去泥沙，置肉于中。二十日取出，挂风处。

一法：夏月腌肉，须切小块，每块约四两。炒盐洒上，勿用手擦，但擎钵颠簸①，软为度。石压之，去盐水，干。挂风处。

一法：腌就小块肉，浸菜油坛内，随时取用。不臭不虫，经月如故。油仍无碍。

一法：腊腿腌就，压干，挂土穴内，松柏叶或竹叶烧烟薰之。两月后，烟火气退，肉香妙。

【注释】

①但擎钵颠簸：只要把肉放在钵中进行颠簸。

【译文】

把十斤肉切成二十来块。再把八两盐同二斤好酒一起调和均匀，涂抹在肉上，使腊肉变得柔软如绵。用大块石头压着，压到没有一点水分。然后再用剩下的盐、酒调和糟涂抹一遍，用竹片穿起来，悬挂在通风的地方。味道很是美妙。

又一种做法：准备好十斤肉。用二十两盐煎煮盐水，澄去泥沙杂质。把肉放在盐水中，二十天过后，取出来，悬挂在通风的地方。

另一种做法：夏天腌制，需要切成小块，每一小块大约四两重。洒上盐，不要用手涂抹，只要把肉放在钵中颠簸就可以了,以肉变软为准。再用石头压着,压干盐水。然后悬挂在通风的地方。

另一种做法:腌好的小块腊肉,浸泡在装有菜油的坛子里,随时取出来食用。不变臭也不生虫子,经过很长时间,还和原来一样。浸泡腊肉过后,菜油仍能照常食用不受影响。

另一种做法:腌好的腊腿,压干水分,悬挂在土窖子里,点燃松柏叶或竹叶,用烟熏制。两个月过后,烟火的气味散尽,腊肉的香味也很美妙。

【点评】

这里的五条,前三条是腊肉的制作方法,第四条是腊肉的贮存方法,第五条是熏制腊肉的方法。

千里脯

牛、羊、猪、鹿等同法。去脂膜净,止用极精肉。米泔浸洗极净①,拭干。每斤用醇酒二盏,醋比酒十分之三。好酱油一盏,茴香、椒末各一钱,拌一宿。文武火煮,干,取起,炭火慢炙,或用晒。堪久。尝之味淡,再涂涂酱油炙之②。或不用酱油,止用飞盐四五钱。然终不及酱油之妙。并不用香油。

【注释】

①米泔(gān):洗过米的水。

②再涂涂酱油炙之:这里衍一"涂"字。

【译文】

牛脯、羊脯、猪脯、鹿脯等的做法相同。把肉的肥膘筋膜去除干净,只用特别瘦的肉。用淘米水浸泡、清洗得特别干净,然后擦拭干净。每一斤肉配用两小杯醇酒,醋的用量相当于酒的用量的十分之三。再准备一小杯质量好的酱油,和着茴香、花椒末各一钱,调拌一夜。用文武火烧煮，等煮干后，再把肉取出来，用炭火慢慢烧烤，也可以放在阳光下曝晒。这样做出来的脯肉，能够搁放很长时间。吃起来，如果味道清淡了，就再涂抹酱油烧烤。也可以不用酱油，只用四五钱飞盐，然而终是比不上涂抹酱油后的味道美妙。也不使用香油。

【点评】

　　牛、羊、猪、鹿等肉的干肉具有补脾胃、益气血、强筋骨等功效，适用于脾胃亏虚，气血不足之神疲乏力、气短懒言、脘痞腹胀、纳差少食、腰膝酸软等，也可用于小儿和中老年人的日常保健。

牛

牛脯

　　牛肉十斤，每斤切四块。用葱一大把，去尖，铺锅底，加肉于上肉隔葱则不焦，且解膻。椒末二两、黄酒十瓶、清酱二碗、盐二斤疑误。酌用可也①，加水，高肉上四五寸，覆以砂盆，慢火煮至汁干取出。腊月制，可久。再加醋一小杯。

　　兔脯同法，加胡椒、姜。

【注释】

　　①疑误，酌用可也：怀疑调料的用量不正确，酌量使用就可以了。这里表明"牛脯"的做法转抄自其他食谱，对其中的调料用量也存有疑问。

食宪鸿秘

古代食器·鼎

十斤牛肉，每斤切成四块。用一大把葱，去掉葱尖，平铺在锅底，把牛肉放在上面牛肉隔着葱，不会焦煳，而且能解除膻味。二两花椒末、十瓶黄酒、两碗清酱、二斤盐怀疑调料的用量不正确，酌量使用就可以了，加水，高过牛肉四五寸，用砂盆盖上，慢火煮，煮到汤汁变干后再取出来。腊月里制作，可以搁放很长时间。再加一小杯食醋。

兔脯的做法与此相同，需要加添胡椒、生姜。

鲞肉

宁波上好淡白鲞①，寸锉②，同精肉炙干，上篓。长路可带。

【注释】

①鲞（xiǎng）：剖开晾干的黄花鱼。

②寸锉（cuò）：削切成寸把长的段子。锉，用锉磨东西，这里是铡、切、砍的意思。

【译文】

选取宁波上好的淡白鲞，切成寸把长的段，连同精肉一起烤干，放进篓子里。出远门的时候可以带在身上充饥。

【点评】

清末徐珂《清稗类钞·动物·石首鱼》记载："曝干曰鲞鱼，俗称白鲞。"关于鲞肉，明代李时珍极为推崇，其《本草纲目·鳞三·石首鱼》记载："干者名鲞鱼"。"鲞能养人，人恒想之，故字从养。"关于鲞肉的功效，同书又记载："炙食，能消瓜成水，治暴下痢，及卒腹胀不消。"

肉饼子

　　精猪肉，去净筋膜，勿带骨屑，细切，剁如泥。渐剁，加水，并砂仁末、葱屑，量入酒浆、酱油和匀，做成饼子。入磁碗，上覆小碗，饭锅蒸透熟，取入汁汤，则不走味，味足而松嫩。如不做饼，只将肉剂用竹箸浸软包数层，扎好，置酒饭甑内①。初，湿米上甑时，即置米中间，蒸透取出。第二，甑饭，再入蒸之，味足而香美。或再切片，油煎，亦妙。

【注释】

　　①甑（zèng）：中国古代的蒸食用具，底部有许多透蒸气的孔格，置于鬲上蒸煮，利用鬲中的蒸汽将甑中的食物煮熟，类似现代的蒸锅。

【译文】

　　准备好瘦猪肉，去干净筋膜，不要带有骨屑，细细切碎，然后再剁成肉泥。一边剁，一边加清水，还要加砂仁末、葱花，酌量加入酒浆、酱油调和均匀，做成饼子。装入瓷碗里，上面用小碗盖好，放进饭锅里蒸煮熟透，取出来，调入汤汁，不走味，味道足而且口感松软细嫩。如果不做成饼子，就用浸泡柔软的箬叶把肉剂子包裹几层，捆扎好，放在蒸酒、饭的蒸甑中。首先，在把淘湿

古代食器·甑

大米放上蒸甑的时候，就要把肉剂子放在大米中间，等蒸煮熟透后取出来。然后，在用甑子蒸饭时，再放进去蒸煮，味道足而香美。也可以再切成肉片，用菜油煎炒，味道也很美妙。

套肠

猪小肠肥美者，治净，用两条套为一条，入肉汁煮熟。斜切寸断，伴以鲜笋、香蕈汁汤煮供，风味绝佳，以香蕈汁多为妙。

煮熟，腊酒糟糟用，亦妙。

【译文】

选用肥美的猪小肠，处理干净，将两条套成一条，放入肉汤里煮熟。过后将猪小肠斜切成寸把长的段，再用鲜笋、香蕈汤汁烧煮，以供膳食，这样做出来的猪小肠，风味绝佳，尤以香蕈汁多些的汤煮出来的更为美妙。

将煮熟的套肠，放入腊酒糟中糟制一下再食用，味道也很美。

【点评】

套肠是古代的一道名菜，类似现在无锡名菜"同肠"。"同肠"与它有着一定的渊源关系。套肠的关键工艺在于将猪小肠两条套成一条，故名套肠。这样做出来的猪小肠，不仅色泽红润、酥烂松软，而且肥而不腻，为中国传统名肴之一。

骑马肠

猪小肠，精制肉饼生剂[①]，多加姜、椒末，或纯用砂仁末。装入肠内，两头扎好，肉汤煮熟。或糟用，或下汤，俱妙。

【注释】

①精制肉饼生剂：用猪瘦肉做成生肉馅。精，瘦肉。

【译文】

准备好猪小肠，用猪瘦肉做成生肉馅，多加些生姜、花椒末，也可以只用砂仁末。将肉馅和调料装入猪小肠，扎好两头，放进肉汤里煮熟。或者用酒糟糟渍后食用，或者用来烧汤，味道都很美妙。

川猪头

猪头治净，水煮熟，剔骨，切条，用砂糖、花椒、砂仁、橘皮、好酱拌匀，重汤煮极烂。包扎，石压。糟用。

【译文】

把猪头处理干净，用清水煮熟，剔去猪骨头，切成细条，用砂糖、花椒、砂仁、橘皮、好酱调拌均匀，隔水煮得特别熟烂。包扎好之后，拿石头压着。用酒糟腌渍后食用。

小暴腌肉

猪肉切半斤大块，用炒盐，以天气寒热增减椒、茴等料，并香油，揉软。置阴处晾着，听用。

【译文】

把猪肉切成半斤左右一块的大块，伴用炒盐，根据天气冷热不同，增加或者减少花椒、茴香等调料的用量，和香油一起把猪肉揉软。过后把猪肉放置在阴凉地方晾晒，听候使用。

【点评】

暴腌是腌制泡菜、猪肉、鱼肉的一种初加工程序，将调料均匀地涂抹于蔬菜、猪肉、鱼肉之上，再悬挂于阴凉通风处。暴腌之后，烹饪方法多样，可以香煎，可以蒸制，也可以焖烧。吃饭时，取少量腌肉蒸熟，以供佐膳，有滋阴养胃、温中散寒、行气消食、通络止痛等功效,适用于中老年人日常保健,也可用于脾胃虚寒之脘腹冷痛、纳差食少、肠鸣矢气等症,对于慢性胃炎、胃十二指肠溃疡病、胃肠功能紊乱等有一定食疗作用。

煮猪肚肺

肚肺最忌油①。油爆纵熟不酥,惟用白水、盐、酒煮。

煮肚略投白矾少许,紧小堪用②。

【注释】

①肚(dǔ):胃,特指用做食物的猪、羊等的胃。

②紧小堪用:使猪肚收缩变小而耐嚼。

【译文】

烹饪肚肺最忌油爆。用油爆的方法做出来的肚肺,即使熟了,也不会松酥。只有用白开水加盐加酒煮才可以。

在煮猪肚时,稍微加放少量白矾,能够使猪肚收缩变小而耐嚼。

古代食器·簋

煮猪肚

治肚须极净。其一头如脐处①,中有积物,要挤去,漂净,不气②。盐、水、白酒煮熟。预铺稻草灰于地,厚一二寸许,取肚乘热置灰上,瓦盆覆紧③。隔④,肚厚加倍。入美汁再煮烂。

一法:以纸铺地,将熟肚放上,用好醋喷上,用钵盖上。

候一二时取食，肉厚而松美。

肚脏用沙糖擦⑤，不气。

【注释】

①如脐（qí）处：象肚脐一样凹陷的地方。

②不气：没有腥臊气。

③瓦盆：按，瓦盆又薄又脆，易坏裂，但透气性能及渗水性能良好。

④隔：相去有一段时间或距离，这里指隔夜、隔宿。

⑤沙糖：即砂糖。

【译文】

烹饪猪肚需要处理得特别干净。猪肚一头如肚脐一样的地方，中间有积存秽物，要挤掉，漂洗干净，这样的猪肚没有腥臊气。用盐、清水、白酒煮熟。事先在地上铺上稻草灰，大约有一两寸厚，把煮熟的猪肚趁热放在稻草灰上，再用瓦盆盖结实。隔了一夜之后，猪肚厚度加倍。再放进美味汤汁中烧煮烂透。

另一种做法：在地上铺上纸，把煮熟的猪肚放在上面，用好醋喷洒一遍，然后用钵盖上。等过了一两个时辰之后，取出来食用，肚肉丰厚而又松软美妙。

用砂糖擦抹肚脏，则没有腥臊气。

【点评】

明代李时珍《本草纲目》记载，猪肚"甘，微温，无毒"，入胃经。猪肚中含有大量的钙、钾、钠、镁、铁等元素和维生素**A**、维生素**E**、蛋白质、脂肪等成分，具有补虚损、健脾胃、治虚冷、补脏气、进饮食、生精血等功效，可用于虚劳消瘦、胃虚腹泻、脾虚少食、便溏下痢、尿

古代食器·卣

频遗尿、小儿疳积等症。明代缪希雍《本草经疏》记载："猪肚，为补脾胃之要品。脾胃得补，则中气益，利自止矣……补益脾胃，则精血自生，虚劳自愈。"猪肚向为补中益气食疗方所偏爱，配伍党参、白术、薏苡仁、莲子、陈皮食用，效果更好。但猪肚呈淡绿色、黏膜模糊、组织松弛，有腐败气味者不宜食用，以猪肚与莲子同食容易引发食物中毒，需要注意。

肺羹

　　猪肺治净，白水漂浸数次。血水净，用白水、盐、酒、葱、椒煮，将熟，剥去外衣，除肺管及诸细管，加松仁，鲜笋切骰子块，香蕈细切，入美汁煮。佳味也。

【译文】

　　把猪肺处理干净，用清水漂洗浸泡多次。把血水漂洗干净后，用清水、盐、料酒、大葱、花椒烧煮，在快要煮熟的时候，把猪肺外衣剥掉，除去肺管及各种细管，加上松仁，切成骰子大小的鲜笋块，再把香蕈切碎，放进美味汤汁中烧煮。肺羹真是一道美味啊。

【点评】

　　猪肺即猪肺部肉，含有大量人体所必需的营养成分，包括蛋白质、脂肪、钙、磷、铁、烟酸以及维生素B1、维生素B2等。猪肺味甘，微寒，入肺经，有滋阴生津、润肺止咳等功效，适宜一般人群食用，尤其适宜肺虚咳嗽、嗽血肺损、肺不张、肺结核者食用。明代李时珍《本草纲目》记载，"疗肺虚咳嗽"，"嗽血"。清代王士雄《随息居饮食谱》记载，猪肺"甘平，补肺，止虚嗽。治肺痿、咳血、上消诸症"。但便秘、痔疮者不宜多食。

　　适宜与猪肺配伍者有薏苡仁、梨、白菜干、剑花干、沙参、玉竹、百合、杏仁、无花果、罗汉果、银耳等，但忌与白花菜、饴糖同食，同食则会出现腹痛、呕吐等症状。

　　猪肺为猪内脏，里面隐藏大量细菌，必须清洗干净且选择新鲜的肺来煮食。《随息居饮食谱》还记载："猪之脏腑，不过为各病引经之用，平人不必食之。不但肠胃垢秽可憎，而肺多涎沫，心有死血，治净匪易，烹煮亦难。"在挑选猪肺的时候，宜注意选取表面色泽粉红、光泽均匀、富有弹性者。如果猪肺色呈褐绿或灰白色者，或是其上有水肿、气块、结节以及脓样块节等外表异常者，则为变质猪肺，不宜食用。

夏月煮肉停久

每肉五斤，用胡荽子一合①，酒、醋各一升，盐三两，葱、椒，慢火煮，肉佳。置透风处。

一方：单用醋煮，可留十日。

【注释】

①胡荽子：即芫荽子，别名香菜子。明代李时珍《本草纲目》记载"发痘疹，杀鱼腥"，可用作烹饪调料，也可用作中药。芫荽子味辛性平，有透疹、健胃功效，可用于治疗痘疹透发不畅、饮食乏味、痢疾、痔疮等。

【译文】

每五斤猪肉，用一合芫荽子，酒、醋各一升，三两盐，加上大葱、花椒，用慢火烧煮，这样煮出来的肉味道美妙。煮好的猪肉要放在透风的地方。

又一种做法：仅用醋煮，可以保留十天。

爨猪肉

精肉切片，干粉揉过，葱、姜、酱油、好酒同拌，入滚汁爨①。出，再加姜汁。

【注释】

①爨（cuàn）：烧火做饭。这里指一种烹调方法，即把切得很薄或很细的原料在沸

古代食器·敦

汤中过一下，使其成熟。

【译文】

把瘦肉切成片，用干粉揉过，再用大葱、生姜、酱油、好酒一同调拌，放进滚烫的开水中爨熟。过后捞出来，再加姜汁调和。

肉丸

纯用猪肉肥膘，同干粉、山药为丸，蒸熟，或再煎。

【译文】

只选用猪肉肥膘，连同干粉、山药做成肉丸子，蒸煮熟透，也可以在蒸熟之后再煎炒。

骰子块 陈眉公方

猪肥膘，切骰子块。鲜薄荷叶铺甗底，肉铺叶上，再盖以薄荷叶，笼好①，蒸透。白糖、椒、盐掺滚。畏肥者食之，亦不油气②。

【注释】

①笼(lǒng)：做动词使用，遮盖、罩住、笼罩的意思。

②油气：指油腻。

【译文】

把猪肥膘切成骰子大小的块，用鲜薄荷叶铺在甗的底部，把猪肉再铺在薄荷叶上面，然后再用薄荷叶盖上，把甗子罩好，蒸煮熟透。汤汁中掺拌着白糖、花椒、盐一起烧煮。不喜欢吃肥肉的人，也不会觉得它有多么油腻。

【点评】

此菜以气味香凉的鲜薄荷叶包蒸猪肥膘块，撒拌白糖和椒盐食用，制法独特，肥而不腻。

肉生法

精肉切薄片，用酱油洗净，猛火入锅爆炒，去血水，色白为佳。取出，细切丝，加酱瓜丝、橘皮丝、砂仁、椒末沸熟，香油拌之。临食，加些醋和匀，甚美。鲜笋丝、芹菜焯熟同拌，更妙。

【译文】

把瘦肉切成薄片，用酱油清洗干净，放进锅里用猛火爆炒，去掉血水，直到色泽白皙为好。盛出来，切成细丝，加上酱瓜丝、橘皮丝、砂仁、花椒末用开水煮熟，再用香油调拌。在准备食用的时候，加些醋调和均匀，味道特别美妙。把新鲜笋丝、芹菜焯熟之后，调拌食用，味道更是美妙。

炒腰子

腰子切片，背界花纹①，淡酒浸少顷，入滚水微焯，沥起，入油锅爆炒。加葱花、椒末、姜屑、酱油、酒及些醋烹之，再入韭芽、笋丝、芹菜，俱妙。

腰子煮熟，用酒酿糟糟之，亦妙。

古代食器·豆

【注释】

①背界花纹：在腰子的背面剞（jī）刀上花纹。

【译文】

把腰子切成片，在腰子背面剞刀上花纹，放入清淡料酒中浸泡一会儿，再放入滚烫开水中稍微焯一下，滤水捞起来，放进油锅里爆炒。加葱花、花椒末、姜屑、酱油、料酒，及一点醋烹炒，再放入韭菜芽、笋丝、芹菜，味道都很美妙。

把腰子煮熟之后，用酒酿糟腌渍，味道也很美妙。

炒羊肚

羊肚治净，切条。一边滚汤锅，一边热油锅。将肚用笊篱入汤锅一焯即起，用布包纽干①，急落油锅内炒。将熟，如"炒腰子"法加香料，一烹即起，脆美可食。久恐坚韧。

【注释】

①纽：同"扭"，转动，扳转。

【译文】

把羊肚处理干净，切成细条。一边准备好滚烫的开水锅，一边准备好烧热的油锅。把羊肚用笊篱放进开水锅里焯一下就捞起来，用布包好扭干水分，迅速放进油锅里炒。在快要炒熟的时候，按照"炒腰子"的做法加放香料，烹炒一下就起锅，味道香脆美妙可供膳食。烹炒时间长了，担心羊肚变得又硬又难嚼。

夏月冻蹄膏

猪蹄治净，煮熟，去骨，细切。加化就石花一二杯①，入香料，再煮烂。入小口瓶内，油纸包扎，挂井内，隔宿破瓶取用北方有冰可用，不必挂井内。

【注释】

①化就石花：溶化了的石花菜。石花，即石花菜，又名海冻菜、红丝、凤尾等，多年生藻类，可供食用和提炼琼脂。

【译文】

把猪蹄处理干净，煮熟，去掉骨头，切成细块。加上一两杯溶化了的石花，拌入香料，再煮到熟烂。然后放进小口瓶子里，用油纸包扎好，悬挂在井里面，隔一夜后，打开瓶子把猪蹄取出来食用北方地区有冰块可用，不必悬挂在井里。

【点评】

这里介绍了用石花菜做冻猪蹄的做法。其实"冻猪蹄"即"猪蹄冻"。石花菜通体透明，犹如胶冻，口感爽利脆嫩。石花菜久煮会溶化，遇冷后凝结成凉粉状，能将其中的原料封在里面。此道菜即是将猪蹄和汤汁用石花菜凝成冻状，夏天食用，味美爽口。

石花菜味甘、咸，性寒、滑，含有丰富的矿物质和多种维生素，尤其是它所含的褐藻酸盐类物质具有降压作用，所含的淀粉类硫酸脂为多糖类物质，具有降脂功能，对高血压、高血脂有一定的防治作用。中医认为石花菜能清肺化痰、清热燥湿，滋阴降火、凉血止血，并有解暑功效，宜于肠炎、肾盂肾炎、肛周肿瘤、乳腺癌、子宫癌患者食用，但脾胃虚寒，肾阳虚者需慎食，孕妇也不宜多食。

合鲊

肉去皮切片，煮烂。又鲜鱼煮，去骨，切块。二味合入肉汤，加椒末各料调和北方人加豆粉。

【译文】

把猪肉去掉猪皮，切成片，煮到熟烂。再煮新鲜活鱼，去掉骨头，切成块。把肉片、鱼块倒入肉汤里，两味合一，加放花椒末各种调料调和北方人加豆粉。

食宪鸿秘

古代食器·冰鉴（冰酒器）

柳叶鲊

精肉二斤，去筋膜，生用。又肉皮三斤，滚水焯过，俱切薄片。入炒盐二两、炒米粉少许多则酸拌匀，箬叶包紧。每饼四两重。冬月灰火焙三日用，夏天一周时可供①。

【注释】

①一周时：指一个时辰。周，周期。时，时辰。我国古代以一昼夜为十二时辰，每个时辰为两小时。

【译文】

准备好两斤瘦肉，去掉肉筋肉膜，不要烹熟。再准备三斤肉皮，放到滚烫开水里焯一下，全部切成薄片。放入二两炒盐、少量炒米粉放多了则味道变酸调拌均匀，用箬叶包紧。每一包肉饼四两重。在冬季，放入灰火当中烘烤三天就可食用；在夏天，一个时辰过后也可供膳。

酱肉

猪肉治净，每斤切四块，用盐擦过。少停，去盐，布拭干，埋入甜酱。春秋二三日，冬六七日取起。去酱，入锡罐，加葱、椒、酒，不用水，封盖。隔汤慢火煮烂。

【译文】

把猪肉处理干净，每一斤猪肉切成四块，用盐涂抹一遍。稍微停放一会儿，去掉盐，用布擦拭干净，埋进甜酱里面。在春秋季节，两三天过后就可以取出来；在冬天，六七天过后再取出来。然后把酱去掉，放进锡罐里，加大葱、花椒、料酒，不用清水，密封盖好。隔水慢火煮到熟烂。

造肉酱法

　　精肉四斤，勿见水，去筋膜，切碎，剁细。甜酱一斤半，飞盐四两，葱白细切一碗，川椒、茴香、砂仁、陈皮为末，各五钱。用好酒合拌如稠粥，入坛封固。烈日中晒十余日，开看，干加酒，淡加盐，再晒。

　　腊月制为妙。若夏月，须新宰好肉，众手速成，加腊酒酿一钟[①]。

【注释】

　　①腊酒酿：腊月制成的酒酿。

【译文】

　　准备好四斤瘦肉，不要碰到生水，去掉肉筋肉膜，切碎剁细。再准备一斤半甜酱，四两飞盐，一碗切细的葱白，川椒、茴香、砂仁、陈皮研磨为粉末，各五钱。用好酒调拌成稠粥一样，放入坛子里密封结实。在烈日下曝晒十来天，过后打开观察，如果干了就加酒，如果淡了就加盐，再放到太阳下曝晒。

　　在腊月里制作肉酱比较好。如果是在夏月制作，一定需要新杀的好猪肉，多人合力快速制成，还要加一盅腊酒酿。

古代食器·壶

灌肚

　　猪肚及小肠治净。用晒干香蕈磨粉，拌小肠，装入肚内，缝口。入肉汁内煮极烂。

　　又：肚内入莲肉、百合、白糯米，亦佳。

　　薏米有心^①，硬，次之。

【注释】

　　①薏（yì）米：薏苡去了壳的子实，灰白色，富含蛋白质，也叫薏仁米、苡仁、苡米。

【译文】

　　把猪肚及小肠处理干净。用晒干的香蕈研磨成粉，调拌小肠，装入猪肚里，再把两头缝上。然后，把猪肚放入肉汁中烧煮熟烂。

　　又一种做法：在猪肚里放入莲肉、百合、白糯米，味道也很好。

　　薏仁米有心，质地硬，比使用前面的食料差一点儿。

【点评】

　　用莲肉、百合、白糯米制成的灌肚具有清心安神，润肺止咳，健脾开胃的功效。百合性平，味甘、微苦，归心、肺经。长于清肺润燥止咳，清心安神定惊，为肺燥咳嗽、虚烦不安所常用，历来被视为止咳润肺、宁心安神、清利二便的滋补品。其含有的一些特殊的营养成分，如秋水仙碱等多种生物碱，对人体多部位癌变都有较好的抗癌作用。糯米归脾、胃、肺经，有补中益气、健脾止泻、缩尿、敛

古代酒器·盉

汗、解毒的功效。但糯米性黏滞，难于消化，所以一次不宜吃得太多。

煮羊肉

羊肉，热汤下锅，水与肉平。核桃五六枚，击碎，勿散开，排列肉上，则膻气俱收入桃内。滚过，换水，调和。

煮老羊肉同瓦片及二桑叶煮^①，易烂。

【注释】

①瓦片：指甲片，也指皮类药材经纵切长条后再横切的横切片，形似布瓦或指甲状。

【译文】

准备好羊肉，在开水滚沸的时候下进锅里，水与肉要齐平。取五六枚核桃，敲碎，但不要让核桃散开，排列在羊肉上面，这样的话，羊肉膻气都被吸收进核桃里面了。等煮得滚开之后，再换水，调和烧煮。

煮老羊肉时，同瓦片以及两片桑叶一同烧煮，则羊肉容易熟烂。

蒸羊肉

肥羊治净，切大块，椒盐擦遍，抖净。击碎核桃数枚，放入肉内外。外用桑叶包一层，又用搋软稻草包紧，入木甑按实，再加核桃数枚于上，密盖，蒸极透。

古代酒器·尊

【译文】

把肥羊肉处理干净，切成大块，用花椒、盐涂抹一遍，再抖落干净。把数枚核桃敲碎，放在肉里肉外。羊肉外层用桑叶包裹起来，再用已经搥软的稻草扎紧，放进木瓹中按搽结实，再在上面放数枚核桃，盖紧，蒸煮到特别熟烂。

【点评】

蒸羊之法在北魏贾思勰《齐民要术·蒸缹法》已有记载："缕切羊肉一斤，豉汁和之，葱白一升着上，合蒸。熟，出，可食之。"

蒸猪头

猪头去五臊①，治极净，去骨。每一斤用酒五两，酱油一两六钱，飞盐二钱，葱、椒、桂皮量加。先用瓦片磨光，如冰纹，凑满锅内，然后下肉，令肉不近铁。绵纸密封锅口，干则拖水。烧用独材缓火②瓦片先用肉汤煮过，用之愈久愈妙。

【注释】

①五臊：本指焦、香、腥、腐、嗅五味，这里指猪头上面气味不佳、不宜食用的部分，如淋巴肉、舌膜、猪嘴尖等。

②独材：一根柴禾。

【译文】

把猪头五臊去掉，处理得特别干净，再去掉骨头。每一斤猪头，用五两料酒、一两六钱酱油、两钱

古代酒器·觚

飞盐，酌量加放葱花、花椒、桂皮。先把瓦片打磨光滑，就如同冰面一样，凑满锅之后，把猪头肉下进去，不要让肉碰到铁锅的锅底。随后用绵纸密封锅沿，如果绵纸干了，就把它拖到水中浸湿，再密封锅沿。烧煮的时候，要使用一根柴禾很小的火瓦片先用猪肉汤煮过，使用时间越久，味道越是美妙。

【点评】

蒸猪头的方法在北魏贾思勰《齐民要术·蒸缹法》中已有介绍："取生猪头，去其骨，煮一沸，刀细切，水中治之。以清酒、盐、肉，蒸，皆口调和。熟，以干姜、椒着上食之。"中国民间俗话说："火到猪头烂，功到自然成。"蒸猪头对火候要求极为严格，关键在于一个火功，但要做好这道菜，仅仅有火功还

古代酒器·杯

是不够的，还必须从猪头的初加工开始就做好准备。去五膈、去骨、去腥解腻，烹调中使用微火，及至猪头酥烂，扒在盘中，俨然是一个整体，色泽酱红光亮，酥烂脱骨而不失其形，浓香醇厚而不失其味；猪耳柔中带脆，猪舌软韧，猪眼富有弹性，头肉质烂如豆腐，肥而不腻。肉皮胶糯香滑，可与烤鸭媲美。这里的蒸猪头与四川名菜之一东坡蒸猪头的做法有些相似。旧题北宋苏东坡所撰《仇池笔记》载有煮猪头颂曰："净洗锅，浅着水，深压柴头莫教起。黄豕贱如土，富者不肯吃，贫者不解煮，有时自家打一碗，自饱自知君莫管。"用这种方法烹制的猪头肉烂而又有韧性，又香又爽，下酒最好，也可裹粥裹饭。

所谓"烧用独材缓火"，明代兰陵笑笑生《金瓶梅》第二十三回中有精彩的描写："（蕙

莲)走到大厨灶里,舀了一锅水,把那猪首、蹄子剃到干净。只用的一根长柴禾安在灶内,用一大碗油酱,并茴香大料,拌的停当,上下锡古子扣定,那消一个时辰,把个猪头烧的皮脱肉化,香喷喷五味俱全。"

兔生

兔去骨,切小块,米泔浸,捏洗净。再用酒脚浸洗,漂净,沥干。用大小茴香、胡椒、花椒、葱花、油、酒,加醋少许,入锅烧滚,下肉,熟用。

【译文】

把兔肉去掉骨头,切成小块,用淘米水浸泡,揉捏清洗干净。再用酒脚浸泡清洗,用清水漂洗干净之后,把水分沥干。随后用大茴香、小茴香、胡椒、花椒、葱花、菜油、料酒,加上少量的食醋,放到锅里烧到滚开,再把兔肉下进去,煮熟后即可食用。

熊掌

带毛者,挖地作坑,入石灰及半,放掌于内,上加石灰,凉水浇之。候发过①,停冷,取起,则毛易去,根即出②。洗净,米泔浸一二日。用猪油包煮,复去油。斯条,猪肉同顿。

一云:熊掌最难熟透。不透者食之发胀。加椒盐末和面裹,饭锅上蒸十余次乃可食。或取数条同猪肉煮,则肉味鲜而厚。留掌条勿食,俟煮肉仍伴入③,伴煮十数次,乃食。留久不坏。

【注释】

①发:食物因发酵或水浸而膨胀。此指石灰加水发生化学反应,把熊掌烧沸、发制。

②根即出:毛根也可以立即拔出来。

③俟（sì）煮肉仍伴入：等着煮肉时一同下锅。

【译文】

带毛的熊掌，在地上挖一个坑，放入一半的石灰，把熊掌放在里面，上面再加石灰，用凉水浇灌。等用石灰把熊掌发制过后，停放晾凉，取出来，这时熊掌上面的毛很容易除去，毛根也可以立即拔出来。把熊掌清洗干净，用淘米水浸泡一两天。用猪油包裹着烧煮，煮熟后再把猪油除净。然后把熊掌撕成条，与猪肉一同炖煮。

有一种说法：熊掌最不容易熟透。人吃了没有熟透的熊掌，就会发胀。加花椒、盐细末和面，把熊掌包裹起来，放在饭锅上蒸煮十多次，才可供食用。也可以取几块熊掌与猪肉一起煮，这时的猪肉味道鲜嫩而又醇厚。留下熊掌不要食用，等着下次煮猪肉时再一同下锅，与猪肉一起烧煮十多次之后，才可以食用。可以保存很长时间也不会变质。

【点评】

熊掌在我国作为上等佳品食用历史悠久。春秋战国时期《孟子·梁惠王》中记载："鱼，我所欲也；熊掌，亦我所欲也。二者不可得兼，舍鱼而取熊掌也。"宋元时期，熊掌与豹胎、猩唇、龙肝、凤髓、鲤尾、酥酪蝉等并列，为宫廷的席上珍食。熊掌因其以胶原蛋白为主的致密结缔组织，干燥以后，很难在短时间烹制成熟，所以春秋时期，楚成王在遭到太子商臣逼宫作乱时，请求吃过熊掌再死，想拖延时间等待救兵。熊掌加工与烹制具有相当的技术难度，必须经过长时间的发制与炖煮才能柔软可口，否则老而难咀嚼，所以在历史上曾断送过不少庖厨的性命。据《缠子》记载，商纣"熊蹯不孰而杀庖人"。《左传》记载，（鲁）宣公二年，"晋灵公不君，……宰夫胹熊蹯不孰，杀之"。

后代厨师不断摸索，加工熊掌的技术越来越完善了。清朝康熙年间，满汉全席中有"白扒熊掌"一道菜，味鲜浓香，酥烂滑润，色泽洁白如玉，食者无不赞赏。乾嘉时期童岳荐《调鼎集》记载做熊掌的方法："制熊掌，以贡泥封固，慢慢煨一宿，则毛秽随泥而尽，流水冲半日。"清末徐珂《清稗类钞》抄引阮葵生《茶余饭后》曰："以泥封固，入火炙酥，然后敲去，或用石灰沸汤剥净，布缠煮熟而食。还有以掌入碗，封固，下燃烛一支，以微火熏一昼夜,汤汁不耗而掌已化矣。"本书除此处介绍的两种方法外,在附录的"汪拂云抄本"中还记载了用水泡一夜,磁罐炖一夜,然后刮洗干净,和腊肉猪蹄一起煮到极烂,加入酒浆和头食用的方法。

鹿鞭 即鹿阳

泔水浸一二日,洗净,葱、椒、盐、酒密器顿食。

【译文】

用淘米水把鹿鞭浸泡一两天,清洗干净,与大葱、花椒、盐、料酒一起,将鹿鞭放在密封的容器中,炖熟之后食用。

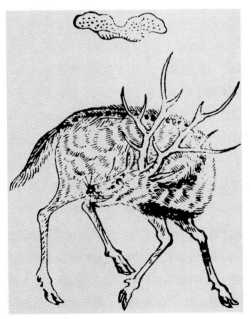

鹿

【点评】

鹿鞭,中药名,为鹿科动物梅花鹿或马鹿雄性的外生殖器,以粗大、油润、无残肉及油脂、无虫蛀、干燥者为佳。鹿鞭质坚韧,不易折断,气腥、性温、味咸辛,入肝、肾、膀胱三经,具有补肾精、壮肾阳、益精气、强腰膝等功效。南朝梁陶弘景《本草别录》记载"主补肾气",五代时期《日华子诸家本草》记载"补中,安五藏,壮阳气"。鹿鞭使用方便,或泡酒,或药膳,或煮食,或熬膏,或入丸、散,可用于治疗肾虚劳损,腰膝酸痛,耳聋耳鸣,宫冷不孕等症,但素体阳盛者慎服。

鹿尾

面裹，慢炙，熟为度。

"鹿髓"同法①。面焦屡换，膻去为度。

【注释】

①鹿髓：梅花鹿或马鹿的骨髓或脊髓。味甘、性温，有补阳益阴、生精润燥的功用。

【译文】

用面把鹿尾裹起来，小火烤，直到熟了为止。

"鹿髓"的做法与此相同。面焦了就换面再烤，多次换面烤制，直到把鹿髓的膻味去掉为准。

小炒瓜薑

酱瓜、生姜、葱白、鲜笋或淡笋干、茭白、虾米、鸡胸肉各停①，切细丝，香油炒供。诸杂品腥素皆可配，只要得味。

肉丝亦妙。

【注释】

①各停：各一成。停，总数分成几份，其中的一份，这里作"成数"解，一成即叫一停。

【译文】

酱瓜、生姜、葱白、鲜笋或淡笋干、茭白、虾米、鸡胸肉各占一成，切成细丝，用香油炒熟供膳。各种荤素食物都可以随意搭配，只是需要调味得当就可以。

用肉丝拌炒，味道也很美妙。

【点评】

这里介绍了以茭白等为原料制作瓜薑的方法。

在唐代以前，茭白是被当做粮食作物栽培的，它的种子叫菰米或雕胡，是"六谷"（稌、黍、稷、粱、麦、菰）之一。菰米因感染上黑粉菌，不再抽穗，但茎部不断膨大而逐渐形成纺锤形的肉质茎，即茭白。茭白性凉味甘，可入药，有清热止渴、利尿除湿的功效。当今茭白的栽培以太湖流域最多，著名品种均出自无锡、苏州和杭州一带。《宋诗纪事》载有许景迁（yū）《咏茭》诗云："翠叶森森剑有棱，柔条松甚比轻冰。江湖若假秋风便，好与莼鲈伴季鹰。"提到了江南三大名菜，即茭白、莼菜和鲈鱼，表达了对西晋张翰（字季鹰）"莼鲈之思"的追念。

提清汁法

好猪肉、鲜鱼、鹅、鸭、鸡汁，用生虾捣烂和厚酱酱油提汁不清，入汁内。一边烧火，令锅内一边滚，泛末掠去。下虾酱三四次，无一点浮油，方笊出虾渣，澄定为度。如无鲜虾，打入鸡蛋一两个，再滚[1]，捞去沫，亦可清。

茭白

【注释】

①再：表示又一次，有时专指第二次，有时又指多次。

【译文】

准备好用好猪肉、鲜鱼肉、鹅肉、鸭肉、鸡肉煮的汤汁，把生虾捣烂，调和厚酱用酱油提汁，则汤汁不清，放进汤汁中。一直烧火，使锅里一直翻滚，捞去泛起来的油沫。下虾酱三四次之后，没有一点浮油了，才用笊篱把虾渣捞出来，以汤汁清定为准。如果没有鲜虾，就打入一两个鸡蛋也可以，滚沸多次后，捞去油沫，也可以提清汤汁。

【点评】

这里介绍的是提取清汤的方法。北魏贾思勰《齐民要术》记载了千余年前的制汤法："槌牛羊骨令碎，熟煮去汁；掠去浮沫，停之使清。"《食宪鸿秘》所记述的"提清汁法"，则是用虾肉泥入汤中提清制汤。今天的烹饪则多使用吊轻汤法，用鸡、鸭、猪肘子煮汤，用鸡脯肉泥及鸡腿肉泥入汤中澄清，捞出肉渣。此汤尾殊鲜，是烹调中用于提鲜的原料，也是制作汤菜的主料。后来，厨师们用鸡、鸭、猪肘子煮汤，将鸡腿肉和鸡脯肉均砸成泥，分别为"红哨"与"白哨"，先后放入汤中，使汤澄清，滤掉渣滓，即成清汤。吊制奶汤，则用鸡鸭架子与猪肘子骨同煮，先用大火煮开后撇去浮沫，再改用小火慢煮，至乳白色即成奶汤。在没有味精之前，厨师们烹制菜肴时均用清汤或奶汤调味，既鲜美又富有营养。

香之属

香料

官桂、陈皮、鲜橘皮、橙皮、良姜、干姜、生姜、姜汁、姜粉、胡椒、砂仁、川椒、花椒、地椒、辣椒、小茴、大茴、草果、荜拨、甘草、肉豆蔻、白芷、桂皮、红曲、神曲、甘松、草豆蔻、檀香。

凡烹调用香料，或以去腥，或以增味，各有所宜。用不得宜，反增拗味[①]，不如清真淡致为佳也[②]。

白糖、黑沙糖、紫苏、葱、元荽、莳萝、蒜、韭。

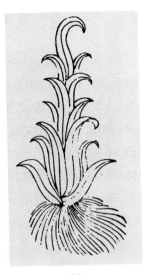

甘松

砂仁

【注释】

①拗（niù）味：不伦不类的味道。拗，原指人固执、不驯顺，这里指味道怪。

②清真：纯真朴素、真实自然的意思。

【译文】

香料种类主要有：官桂、陈皮、鲜橘皮、橙皮、良姜、干姜、生姜、姜汁、姜粉、胡椒、砂仁、川椒、花椒、地椒、辣椒、小茴、大茴、草果、荜拨、甘草、肉豆蔻、白芷、桂皮、红曲、神曲、甘松、草豆蔻、檀香。

但凡烹调所用香料，要么是用来去除腥味，要么是用来增加香味，各有各的用处。如果使用不当，反而会增生怪味，倒不如真实自然、清淡些为好。

另一些食物也常用作香料：白糖、黑沙糖、紫苏、葱、元荽、莳萝、蒜、韭。

【点评】

本条中记载的大都是烹调中常用的一些香料。

从严格意义上讲，"辣椒"、"红曲"、"白糖"、"黑沙糖"等食物并不能算作香料。然把"辣椒"由观赏花卉变为食用蔬菜则始于清初。康熙年间即有食谱将辣椒列入"蔬谱"。而朱彝尊把辣椒和官桂、陈皮、干姜等28种香料列为"香之属"，则是最早把辣椒用为烹饪调味佐料的。乾隆御膳中配有"辣椒"，到嘉庆年间已培育出形似牛角的"牛角椒"、椒尖向上的"朝天椒"。道光年间将辣椒描绘为"园蔬要品，每味不离"。如今，中国各地已形成了独特的辣文化，"四川人不怕辣、湖北人辣不怕、湖南人怕不辣"，这源于各地辣椒吃法上的不同，四川人习惯辣椒加花椒，又麻又辣，俗称麻辣；云南人喜欢把辣椒炸焦，炸出一股焦香味儿，叫做煳辣；贵州人往往把辣椒腌渍浸泡使之发酸，称为酸辣；湖南人就吃辣椒的本来味道，谓之原辣。

大料

大小茴香、官桂、陈皮、花椒、肉豆蔻、草豆蔻、良姜、干姜、草果各五钱，红豆、甘草各少许，各研极细末，拌匀，加入豆豉二合，甚美。

【译文】

准备好大茴香、小茴香、官桂、陈皮、花椒、肉豆蔻、草豆蔻、良姜、干姜、草果各五钱，再准备红豆、甘草各少量，各自研磨成特别细的粉末，调拌均匀，加入两合豆豉，用作大料很是美妙。

【点评】

这里介绍的是用茴香等香料配伍豆豉制作大料的方法。

关于茴香，明代李时珍《本草纲目》记载："茴香宿根深，冬生苗，作丛，肥茎丝叶，五六月开花如蛇床花而色黄，结子大如麦粒，轻而有细棱，俗呼为大茴香，今惟以宁夏出者第一。

茴香

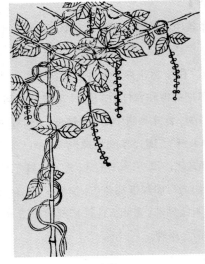

胡椒

其他处小者，谓之小茴香。自番舶来者，实大如柏实，裂成八瓣，一瓣一核，大如豆，黄褐色，有仁，味更甜，俗呼舶茴香，又曰八角茴香，广西左右江峒中亦有之，形色与中国茴香迥别，但气味同尔。北人得之，咀嚼荐酒。"大小茴香所含的主要成分都是茴香油，能刺激胃肠神经血管，促进消化液分泌，增加胃肠蠕动，排除积存的气体，所以有健胃、行气的功效；有时胃肠蠕动在兴奋后又会降低，因而有助于缓解痉挛、减轻疼痛。大茴香还有散寒、理气、止痛的功效，明代陈嘉谟《本草蒙筌》记载："主肾劳疝气，小肠吊气挛疼，干、湿脚气，膀胱冷气肿痛。开胃止呕，下食，补命门不足。（治）诸瘘，霍乱。"对于治疗寒疝腹痛、腰膝冷痛、胃寒呕吐、脘腹疼痛、寒湿脚气有一定作用。小茴香作为调味品用的是它的种实，但它的茎叶部分也具有香气，常被用来作包子、饺子等食品的馅料。小茴香别名有茴香子、小茴、茴香、怀香、香丝菜等，性温味辛，入肾、膀胱、胃经，具有开胃进食、理气散寒等功效，对于治疗中焦有寒、食欲减退、恶心呕吐、腹部冷痛、疝气疼痛、睾丸肿痛、脾胃气滞、脘腹胀满作痛等有一定作用。茴香性燥热，有实热、虚火者不宜食，而较适合虚寒体质，但多食茴香也会有副作用产生，对于视力将有一定损伤，不宜短期大量使用。

减用大料

马芹即元荽、荜拨、小茴香，更有干姜、官桂良，再得莳萝二椒共①，水丸弹子任君尝②。

【注释】

①二椒：指花椒和辣椒。

②水丸弹子：指将上述各种香料水泛为丸，即将各种香料磨成粉，而后可放在一个表面光滑、刷水不漏的筛子上，喷撒一些水，向一个方向反复旋转，搓成水丸。

【译文】

制作减用大料，以马芹即元荽、荜拨、小茴为原料，再放入干姜、官桂，并把莳萝、花椒、辣椒一起使用，用水做成丸子，以之烹饪出的菜肴可以任君品尝。

【点评】

本条是一歌诀，介绍的是简化了的“大料”的制法。

本条与上条中都提到了一种现代厨房中不太常用的调料——荜拨。荜拨是一种中药，可作香料。在我国，荜拨主要生产于云南东南至西南部，广西、广东和福建也有栽培。荜拨以干燥近成熟或成熟果穗入用，身干肥大、色黑质坚、味道辛辣的算作佳品。荜拨味辛大温，有补腰脚、杀腥气、消食、除胃冷的功效，可作镇痛健胃良药，对于治疗胃寒引起的腹痛、呕吐酸水、腹泻、冠心病心绞痛、神经性头痛及牙痛等较好作用。

素料

二椒配着炙干姜，甘草莳萝八角香，马芹杏仁俱等分，倍加榧肉更为强①。

【注释】

①榧（fěi）肉：即香榧果仁。

【译文】

花椒、辣椒配伍烧烤干姜，加上甘草、莳萝、大茴、芫荽、杏仁，都要分量相等，然后加倍放入香榧，就做成了很好的素料。

【点评】

这里是一首以莳萝、芫荽、香榧等为原料制素料的歌诀。

香榧是一种常绿大乔木，它的果实有很硬的壳，两端较尖，称为"榧子"或"香榧"。榧肉味道鲜美，营养丰富，可供食用或榨油。榧肉也可入药，富含脂肪、蛋白质、糖以及多种人体所需的维生素和矿物质。明代李时珍《本草纲目》记载，香榧有"治五痔，去三虫蛊毒"、"疗寸白虫，消谷，助筋骨，行营卫，明目轻身，令人能食"等功效，也有清肺、化痰、止咳、

马芹（芫荽）

荜拨

润肠、利尿之功能。北宋诗人苏东坡有诗赞曰："彼美玉山果，粲为金盘实。瘴雾脱蛮溪，清樽奉佳客。……祝君如此果，德膏以自泽。……愿君如此木，凛凛傲霜雪。"在目前，浙江东阳、诸暨拥有香榧最多，东阳还有"中国香榧之乡"的美称。

牡丹油

取鲜嫩牡丹瓣，逐瓣放开叠则征滑^①，阴干日晒气走，不必太燥。陆续看八分干，即陆续入油须好菜油。油不必多，匀浸花为度。封坛，日晒，过三伏，去花滓，埋土七日加紫草少许，色更可观，取供闺中泽发。

用擦久枯犀杯立润^②。

【注释】

①征滑：使变涩。征，争夺、夺取的意思。

②犀（xī）杯：即犀角杯。

【译文】

取鲜嫩的牡丹花瓣，逐个摊开花瓣叠在一起则会变得不光滑，阴干在阳光下曝晒则香气散失，不需要太过干燥。不断观察，花瓣陆续到八分干，即陆续放入菜油当中需要质量好的菜油。菜油不需要过多，以均匀浸淹花瓣为准。再把坛子密封起来，放在阳光下曝晒，经过三伏天，去掉花瓣渣滓，埋进土里七天加少量紫草，色泽更为好看，取出来供闺中妇女润发使用。

用来涂抹干枯已久的犀角杯，立刻就能使其恢复润泽。

【点评】

犀牛角是世界上非常名贵的牙角料之一，比象牙更为稀有，《战国策·楚策》记载，楚王"遣使车百乘，献鸡骇之犀，夜光之璧于秦王"，将它与夜光璧相提并论。道教也以犀角为八宝之一。犀角之所以如此珍贵有名，一方面是因为人们认为犀牛可以辟邪、镇凶、保平安，另外一个方面则是因为犀角本身是一种名贵的药材。犀角不象牛角等长在头顶，而是长在

食宪鸿秘

白牡丹图

鼻子上，是由角质层纤维化而成，呈弯曲圆锥型，灰褐色，长短约在15至30厘米之间，性寒、味苦酸咸，具有清热解毒、定惊止血等功效。李时珍《本草纲目·犀角》记载："番名'低密'……弘景曰'入药惟雄犀生者为佳'。"鉴于犀角价格昂贵，兼具医疗作用，古代工匠不愿稍有所费，更希望犀角药性能溶于酒中，往往将它直接倒转过来做成酒杯。

七月澡头

七月采瓜犀①。

面、脂、瓜瓤亦可作澡头②。

冬瓜内白瓤澡面，去雀班③。

【注释】

①瓜犀（xī）：冬瓜的种子。

②澡头：即"澡豆"，一般是以豆粉为主，配合各种药物制作而成。

③雀班：即雀斑。

【译文】

在农历七月采摘冬瓜的种子。

用面、油脂和瓜瓤一起可以做成澡豆使用。

用冬瓜里面的白瓤洗脸，能去除雀斑。

【点评】

　　"澡豆"一词，大约出现在魏晋南北朝时期，南朝宋刘义庆《世说新语》中记载了一个关于澡豆的笑话："王敦初尚主，如厕……既还，婢擎金澡盘盛水，琉璃碗盛澡豆，因倒着水中而饮之，谓是'干饭'。群婢莫不掩口而笑之。"王敦贵为大将军，也不识澡豆，可见当时澡豆还不流行。到唐代，按风俗，逢到腊日（农历十二月初八），君主要赏赐臣下面脂、澡豆等护肤用品，地方也可以将澡豆进贡给皇家贵族，于是唐代孙思邈《千金翼方》在

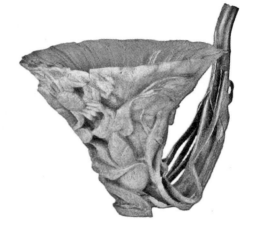

犀杯

"妇人面药"一节记载："面脂手膏，衣香澡豆，仕人贵胜，皆是所要。"澡豆像擦脸油、护手膏、熏衣香等美容品一样，成为贵族士大夫阶层的男男女女不可或缺的生活用品。

悦泽玉容丹

　　杨皮二两[①]去青留白、桃花瓣四两阴干、瓜仁五两油者不用，共为末。食后白汤服下，一日三服。欲白加瓜仁，欲红加桃花。一月面白，五旬手足俱白。

　　一方：有橘皮无杨皮。

【注释】

　　①杨皮：杨柳科植物山杨的根皮。

碧桃图

【译文】

准备二两山杨根皮去青留白、四两桃花瓣阴干、五两瓜仁太油的不要使用，一起研磨为粉末。吃过饭后，用白开水服下，一天服用三次。想要皮肤变白皙，就加瓜仁，想要皮肤变红润，就加桃花。服用一个月过后，脸部变得白嫩；服用五十天后，手脚也都变得白嫩。

另一种方子：用橘子皮，不用山杨根皮。

【点评】

杨皮或橘皮性平微温，味苦，则有调中理气、清热除湿作用，对于治疗肺热咳嗽、气滞血瘀、痰湿痹阻有一定效果；桃花味苦、平、无毒，有泻下通便、利水活血之功效，可用于治疗便秘、雀斑、脚气等症；冬瓜籽味甘性寒，含有不饱和脂肪酸，有消肿利尿、润泽肌肤的功效，可祛斑增白、嫩肤乌发。三味相伍，或可祛湿化痰、活血化瘀、丰肌泽肤，久服或可使人延缓衰老、减少皱纹。然三味或味苦或性寒，畏寒怕冷、腹泻、乏力等脾胃虚寒者，最好禁用。

种植

麻麦相为①，候麻黄艺麦，麦黄艺麻②。

禾生于枣，黍生于榆，大豆生于槐，小豆生于李，麻生于荆，大麦生于杏，小麦生于杨柳③。

凡栽艺各趋其时④。刺鸡口，槐兔目，桑蛙眼，榆负瘤，杂木鼠耳⑤。栗种而不栽，柰也、林檎也⑥，栽而不种。茶茗移植则不生，杏移植则六年不遂⑦。

【注释】

①麻麦相为：指胡麻和小麦相互轮作种植。胡麻适宜温和凉爽、湿润的气候，宜选用大豆、玉米或小麦为前茬。

②艺：种植。

③"禾生于枣"七句：语出北魏贾思勰《齐民要术》。《齐民要术》注引《杂阴阳书》曰："禾生于枣或杨，九十日秀，秀后六十日成。……黍生于榆，六十日秀，秀后四十日成。……大豆生于槐，九十日秀，秀后七十日熟。……小豆生于李，六十日秀，秀后六十日成。……麻生于杨或荆，七十日花，后六十日熟。……大麦生于杏，二百日秀，秀后五十日成。……小麦生于桃，二百一十日秀，秀后六十日成。……稻生于柳或杨，八十日秀，秀后七十日成。"禾，指谷类植物的统称，也指粟。

④栽：移植，移栽。

⑤"刺鸡口"五句：同样语出《齐民要术》。《齐民要术·栽树》："枣鸡口、槐兔目、桑虾蟆眼、榆负瘤散，自余杂木，鼠耳、虻翅，各其时（自注：此等名目，皆是叶生形容之所象似，以比时栽种者，叶皆即生）。"这句话是说，枣、槐等树的叶芽长到如鸡口、兔目等不同大小时，才是移植各种树的合适时机。刺，即"枣"。

⑥柰（nài）：苹果的一种，通称"柰子"，也称"花红"、"沙果"。

⑦遂：成功，实现。这里指杏树结果。

大枣

林檎

【译文】

芝麻和小麦相互轮作种植,等芝麻熟了再种植小麦,等小麦熟了再种植芝麻。

适宜枣树生长的地方适合种植禾苗,适宜榆树生长的地方适合种植黍子,适宜生长槐树的地方适合种植大豆,适宜李树生长的地方适合种植小豆,适宜荆棘生长的地方适合种植胡麻,适宜杏树生长的地方适合种植大麦,适宜杨树柳树生长的地方适合种植小麦。

但凡种植或是移栽,各自需要合适的时机。枣树要等到叶芽长到如同鸡嘴大小时再移栽,槐树要等到叶芽长到兔子眼睛大小再移栽,桑树要等到叶芽长到青蛙眼睛大小再移栽,榆树要等到长出小颗粒的叶芽,如同长了瘤子一样,才能再移栽。其他杂木,要等到叶芽长到鼠耳大小再移栽。栗树适合种植而不适合移栽,柰子、林檎适合移栽而不适合种植。茶树移栽就难以存活,杏树移栽则六年不结果子。

【点评】

这里介绍的是粮食作物、果树种植方面的事宜,是饮食、烹饪的基础所在。古代人们选择什么样的土地来耕作谷物,不是根据土地的土质,而是将"谷"与"木"对应起来,在适合不同果木生长的土地上,选择种植不同的谷物。文中有关栽种宜忌的经验,以及枣、苹果等果树的移栽标准等,仍然值得今人借鉴。

黄杨

世重黄杨,以其无火①。或曰:以水试之,沉则无火老也。取此木,必于阴晦夜无一星则伐之。为枕不裂,为梳不积垢《埤雅》②。梧桐每边六叶。从下数,一月为一叶,闰月则十三叶。视叶小者,即知闰何月《月令广义》③。宋人《闰月表》:梧桐之叶十三,黄杨之厄一寸④黄杨一年长一寸,闰年退一寸。

【注释】

①世重黄杨,以其无火:世人看重黄杨,是因为黄杨木材结实,比重大,不容易起火。语出唐代段成式《酉阳杂俎》:"世重黄杨,以其无火。或曰以水试之,沉则无火。取此木,必以阴晦夜无一星,则伐之为枕不裂。"

②《埤雅》:宋代陆佃(1042—1102)作,训诂书,共二十卷,专门解释名物,以为《尔雅》的补充,所以称为《埤雅》。书中始于释鱼,继之以释兽、释鸟、释虫、释马、释木、释草,最后是释天。明代郎奎金曾集《尔雅》、《小尔雅》、《逸雅》、《广雅》、《埤雅》为《五雅》。

③《月令广义》:明代冯应京撰,是我国古代最早的地理气候论著作。

④厄(è):困苦,灾难。这里指黄杨每岁长一寸,但遇闰年缩一寸的境况。

【译文】

世人看重黄杨，是因为黄杨木材结实，比重大，不容易起火。有记载说："把黄杨放到水中测试，能够沉下去的就不容易起火*生长的时间久了*。"取用这种木材，一定要在阴沉昏暗的夜里，看不到一颗星星的时候砍伐。用这种木材制作枕头，不会开裂；用来制作梳子，不会积存污垢*根据《埤雅》的记载*。梧桐树枝两边，每边长有六片叶子，从下往上数，一个月长出一片叶子，如果是有闰月，则长有十三片叶子。查看叶子小的那一片，就可知道闰在哪一个月*根据《月令广义》的记载*。宋代《闰月表》记载："每逢闰年，梧桐树枝会长出十三片树叶，黄杨则会缩小一寸*黄杨一年长一寸，遇到闰年，则缩退一寸*。"

【点评】

黄杨木属常绿灌木或小乔木，生长在千米高山云雾笼罩的岩壁上，以岩缝中的滴水和雨露为养分，可以说吸收了天地之精华而长成。其树皮呈灰色，枝叶茂盛，木质坚韧，质地光洁，但生长极其缓慢，有千年黄杨长一寸之说。宋代苏轼有诗云："园中草木春无数，只有黄杨厄闰年。"明代李时珍《本草纲目》记载："（黄杨）性难长，俗说岁长一寸，遇闰则退。"清代李渔《闲情偶寄》记载："黄杨每岁一寸，不溢分毫，至闰年反缩一寸，是天限之命也。"李渔以为，按常理，闰年闰月，树木应该多长一寸才是，现在黄杨非但不多长，反而缩短一寸，似乎造物主对其安排有失公平。但即便如此，黄杨也能安守困境，冬不改柯，夏不换叶，因此李渔给它另外取名曰"知命树"，评价它有君子之风，认为莲是花中君子，而黄杨则是树中君子。黄杨树高一般为1—3米，难有大料，所以很难做成大件家具，而是雕刻的极好原料。此外，黄杨具有一定的药用价值，黄杨木的香气可以驱蚊，黄杨叶则可以杀菌、消炎、止血。

黄杨

附录：汪拂云抄本

煮火腿

火腿生切片，不用皮、骨，合汁生煮。或冬笋、韭芽、青菜梗心。用蛤蜊汁更佳。如无，即茭白、麻菇亦佳。略入酒浆、酱油。

又

陈金腿约六斤者，切去脚，分作两方正块。洗净，入锅，煮去油腻，收起。复将清水煮极烂为度。临起，仍用笋、虾作点，名"东坡腿"。

熟火腿

火腿煮熟，去皮、骨，切骰子块。用酒浆、葱末、鲜笋或笋干、核桃肉、嫩茭白，切小块，隔汤顿一炷香。若嫌淡，略加酱油。

糟火腿

将火腿煮熟，切方块，用好酒酿糟糟两三日。切片取供，妙。夏天出路最宜。

又

将火腿生切骰子块，拌烧酒，浸一宿。后将腊糟同花椒、陈皮拌入坛。冬做夏开。临吃，连糟煅用。即风鱼及上好腌鱼、肉，亦可如此做。坛口加麻油，封固。

辣拌法

熟火腿拆细丝，同鱼翅、笋丝、芥辣拌。或加水粉、莲肉、核桃俱可。

炖豆豉

鲜肉煮熟，切骰子块，同豆豉四分拌匀，再用笋块、核桃、香蕈等配入煮，隔汤顿用，佳。

煮薰腫蹄

将清水煮去油烟气，再用鲜肉汤煮极烂为度。鲜笋、山药等俱可配入。

笋幢

拣大鲜笋，用刀搅空笋节。切肉饼，加盐、砂仁拌匀，填入笋内，用竹片插口。放锅内，糖、酱、砂仁烧透，切段。用虾肉更妙，鸡亦可。

酱蹄

十一月中，取三斤重猪腿，先将盐腌三、四日。取出，用好酱涂满，以石压之。隔三、四日翻一转。约酱二十日，取出，揩净，挂有风无日处。两月可供。洗净，蒸熟，俟冷，切片用。

肉羹

用三精三肥肉①，煮熟，切小块，入核桃、鲜笋、松仁等，临起锅，加白面或藕粉少许。

辣汤丝

熟肉，切细丝，入麻菇、鲜笋、海蜇等丝同煮。临起，多浇芥辣。亦可用水粉。

冻肉

用蹄爪，煮极烂去骨，加石花菜少许，盛磁钵。夏天挂井中，俟冻。取起，糟油蘸用，佳。

百果蹄

用大蹄，煮半熟，勒开，挖去直骨，填核桃、松仁及零星皮、筋。外用线扎。再煮极烂，捞起。俟冻，连皮糟一日夜。切片用。

琥珀肉

将好肉切方块，用水、酒各碗半、盐三钱，火煨极红烂为度。肉以二斤为率。

须用三白酒。若白酒正，不用水。

蹄卷

腌、鲜蹄各半。俟半熟，去骨，合卷，麻线扎紧。煮极烂，冷，切用。

夹肚

用壮肚，洗净。将碎肉加盐、葱、砂仁，略加蛋青，缝口，煮熟。上下夹板，渐夹渐压，以实为妙。俟冷，切片，或酱油或糟油蘸用。

花肠

小肠煮半熟，取起，缠绞成段。仍煮，熟，俟冷，切片，和汤用。

脊筋

生剥外膜，肉汤煮。加以虾肉、鸭肉亦可。

肺管

剥、刮极净，煮熟，切段，和以紫菜、冬笋。入酒浆、韭芽为妙。

羊头羹

多买羊头，剥皮，煮烂。加酒浆、酱油、笋片、香蕈或时菜等件。酱油不可太多。虾肉和入更妙。临起，量加姜丝。

羊脯

用精多肥少者，以甜酱油同酒浆加白糖、茴香、砂仁，慢火烧，汁干为度。

羊肚

熟羊肚切细丝，同笋丝煮。加燕窝、韭芽等件②。盛上碗时，加芥辣，以辣多为妙。略加姜丝，亦可。

煨羊

切大块，水、酒各半，入坛。砻糠火煨极烂，取出。复去原汁，换鲜肉汤，慢火重煮。随意加和头③，绝无膻气。

鹿肉

切半斤许大，漂四五日<small>每日换水</small>，同肥猪肉和烧极烂。须多用酒、茴香、椒料。以不干不湿为度。

又

切小薄片，用汤，随用和头。味肥脆。

又

每肉十斤，治净，用菜油炒过，再用酒、水各半、酱斤半、桂皮五两，煮干为度。临起，用黑糖、醋各五两，再炙干，加茴香、椒料。

鹿鞭

泡洗极净，切段，同腊肉煮。不拘蛤蛎、麻菇，皆可拌，但汁不宜太浓。酒浆、酱油须斟酌下。

鹿筋

辽东为上，河南次之。先用铁器锤打，然后洗净，煮软，捞起。剥尽衣膜及黄色皮脚，切段，净煮。筋有老嫩不一，嫩者易烂，即先取出；老者再煮，煮熟。量加酒浆、和头用。

熊掌

水泡一日夜，下磁罐顿一日夜，取出，洗刮极净，同腊肉或猪蹄爪煮极烂，入酒浆、香料、和头随用。

兔

烧脯与"鹿肉"同法。但兔肉纯血，不可多洗，洗多则化。

野鸡

脯、汤俱同烧"鹿肉"法。

肉幢鸡

用碗头嫩鸡，将碎肉加料填寔，缝好。用酒浆、酱油烧透。海参、虾肉俱可作和头。

椎鸡

嫩鸡剥皮，将肉切薄片，上下用真粉搽匀，将搥轻打，以薄为度。逐片摊开，同皮、骨入清水煮熟，拣去筋、骨，和头随用。

辣煮鸡

熟鸡拆细丝，同海参、海蜇煮。临起，以芥辣冲入。和头随用。麻油冷拌，亦佳。

顿鸡

腊月，将肥嫩鸡切块，用椒盐少许拌匀，入磁瓶内。如遇佳客或燕赏，取出，平放锡镟内，加猪板油及白糖、酒酿、酱油、葱花顿熟。味甘而美。

醋焙鸡

将鸡煮八分熟，剁小块，熬熟油略炒，以醋、酒各半，盐少许烹下，将碗盖。候干，再烹。酥熟取用。

海蛳鸭

大葱二根，先放入鸭肚内。以熟大海蛳填极满④，缝好。多用酒浆，烧极熟，整装碗内。如无海蛳，纯葱亦可想螺蛳亦佳。

鹌鹑

以肉幢、酱油、酒浆生烧为第一⑤，次用酒浆顿。必须猪油、白糖、花椒、葱等。

秋鸟、黄雀、麻雀诸鸟，皆同此法。

肉幢蛋

拣小鸡子，煮半熟，打一眼，将黄倒出，以碎肉加料补之。蒸极老，和头随用。

卷煎

将蛋摊皮，以碎肉加料卷好，仍用蛋糊口。猪油、白糖、甜酱和烧。切片用。

皮蛋

鸭蛋一百个，用浓滚茶少少泡顷，再用柴灰一斗、石灰四两、盐二两和水拌匀，涂蛋上，暴日晒干。再将砻糠拌，贮大坛内。过一月，即可取供。久愈妙。

腌蛋

清明前，用真烧酒洗蛋⑥，以飞盐为衣，上坛。过四、五日，即翻转。如此四、五次。月余即可用。省灰而且易洗也。

糟鲫鱼

内外洗净，切大块。每鱼一斤，用盐半斤，以大石压极实。以白酒洗淡，以老酒糟略糟四、五日，不可见水。去旧糟，用上好酒糟拌匀，入坛。每坛面加麻油二钟、火酒一钟，泥封固，候二、三月用。

淡煎鲫鱼

切段，用些须盐花、猪油煎，将熟，入酒浆，煮干为度。不必去鳞。糟油蘸，佳。

冷鲟鱼

切骰子块，煮熟。冬笋切块，入酒浆，略加白糖。候冷用。暑天切片，麻油拌，亦佳。必须蜇皮，更妙。

黄鱼

治净，切小段。用甜白酒煮，略加酱油、胡椒、葱花。最鲜美。

风鲫

冬月，觅大鲫鱼，去肠，勿见水，拭干，入碎肉。通身用绵纸裹好，挂有风无日处。过二、三月取下，洗净，涂酒，令略软。蒸熟，候冷，切片用。味最佳。

去骨鲫

大鲜鲫鱼，清水煮熟。轻轻拆作五、六块，拣去大小骨，仍用原汤，澄清，加笋片、韭芽或菜心，略入酒浆、盐，煮用。

斑鱼

拣不束腰者束腰有毒，剥去皮杂，洗净。先将肺同木花入清水，浸半日⑦，与鱼同煮。后以菜油盛碗内，放锅中，任其沸涌，方不腥气。临起，或入嫩腐、笋边、时菜，再捣鲜姜汁、酒浆和入，尤佳。

顿鲟鱼

取鲟鱼二斤许大一方块不必切开，入酒酿、酱油、香料、椒、盐，炖极烂。味最佳。

鱼肉膏

上好腌肉，煮烂，切小块。将鱼亦碎切，同煮极烂。和头随用。候冷，切供。热用亦可。

炖鲂鲅⑧

拣大者，治极净，填碎肉在内，酒浆炖。加碎猪油，妙。

薰鱼

鲜鱼切段，酱油浸大半日。油煎，候冷，上铁筛，架锅，以木屑薰干，贮用。将好醋涂薰，尤妙大小鱼俱可。

薰马鲛

酱半日，洗净，切片，油煎，候冷，薰干。入灰坛内，可留经月。

鱼松

青鱼切段，酱油浸大半日，取起，油煎。候冷，剥去皮、骨，单取白肉，拆碎入锅。慢火焙炒，不时挑拨，切勿停手，以成极碎丝为度。总要松、细、白三件俱全为妙。候冷，再细拣去芒刺、丝骨，加入姜、椒末少许，收贮随用。

蒸鲞

淡鲞十斤，去头尾，切段，洗净，晒极干，将烧酒拌过。白糯米五升，烧饭。火酒二斤，白糖二斤，猪油二斤，去膜切碎，花椒四两，加红曲少许，拌如薄粥样。如干，再加煮酒。用磁瓶，先放饭一层，次放鱼一层，后再放前各料一层，装入。瓶底、面各用飞盐一撮，泥封好。俟一月后可用。

燕窝蟹

壮蟹，肉剥净，拌燕窝，和芥辣用，佳。糟油亦可。

蟹腐放燕窝，尤妙。蟹肉豆豉炒，亦妙。

蟹酱

带壳剁骰子块。略拌盐，顿滚，加酒浆、茴香末冲入。候冷，入麻油，略加椒末，半日即可用。酒、油须恰好为妙。

蟹丸

将竹截断，长寸许。剥蟹肉，和以姜末、蛋青，入竹。蒸熟，取出，同汤放下。

蟹顿蛋

凡蟹顿蛋，肉必沉下。须先将零星肉和蛋顿半碗，再将大蟹肉、黄脂另和蛋，盖面重顿，为得法也。

黄甲⑨

蒸熟，以姜、醋拌用。

又法

以鲳、鳜鱼、黄鱼肉拆碎，以腌蛋黄和，入姜、醋拌匀用。味比真黄甲更妙。

虾元

暑天冷拌，必须切极碎地栗在内，松而且脆。若干装，以松仁、桃仁作馅，外用鱼松为衣，更佳。

鳆鱼

清水洗，浸一日夜，以极嫩为度。切薄片，入冬笋、韭芽、酒浆、猪油炒。或笋干、腌苔心、苣笋、麻油拌用，亦佳。

海参

浸软，煮熟，切片，入腌菜、笋片、猪油炒用，佳。

或煮极烂，隔绢糟，切用。

或煮烂，芥辣拌用，亦妙。

切片入脚鱼内，更妙。

鱼翅

治净，煮，切。不可单拆丝，须带肉为妙；亦不可太小。和头、鸡、鸭随用。汤宜清不宜浓，宜酒浆不宜酱油。

又

如法治净，拆丝，同肉、鸡丝、酒酿、酱油拌用，佳。

淡菜

冷水浸一日，去毛、沙丁，洗净。加肉丝、冬笋、酒浆煮用。同虾肉、韭芽、猪油小炒亦可。

酒酿糟糟用，亦妙。

蛤蜊

劈开，带半壳，入酒浆、盐花，略加酱油。醉三四日，小碟用，佳。

素肉丸

面筋、香蕈、酱瓜、姜切末，和以砂仁，卷入腐皮，切小段。白面调和，逐块涂搽，入滚油内，令黄色，取用。

顿豆豉

上好豆豉一大盏，和以冬笋切骰子大块并好腐干亦切骰子大块，入酒浆，隔汤顿或煮。

素鳖

以面筋拆碎，代鳖肉；以珠栗煮熟，代鳖蛋；以墨水调真粉，代鳖裙；以元荽代葱、蒜，烧炒用。

熏面筋

好面筋，切长条，熬熟。菜油沸过，入酒酿、酱油、茴香煮透。捞起，熏干，装瓶内，仍将原汁浸用。

生面筋

买麸皮自做。中间填入裹馅、糖、酱、砂仁，炒、煎用。

八宝酱

熬熟油，同甜酱入沙糖，炒透。和冬笋及各色果仁，略加砂仁、酱瓜、姜末和匀，取起用。

乳腐

腊月，做老豆腐一斗，切小方块，盐腌数日。取起，晒干。用腊油洗去盐并尘土。用花椒四两，以生酒、腊酒酿相拌匀。箬泥封固。三月后可用。

十香瓜

生菜瓜十斤，切骰子块，拌盐，晒干。水、白糖二斤，好醋二斤，煎滚。候冷，将瓜并姜丝三两、刀豆小片二两、花椒一两、干紫苏一两、去膜陈皮一两同浸。上瓶，十日可用，经久不坏。

醉杨梅

拣大紫杨梅，同薄荷相间，贮瓶内。上放白糖。每杨梅一斤，用糖六两、薄荷叶二两。上浇真火酒，浮起为度。封固。一月后可用。愈陈愈妙。

【注释】

①三精三肥肉：即三层肉，又称五花肉、肋条肉，位于猪的腹部。猪腹部脂肪组织很多，其中又夹带着肌肉组织，肥瘦间隔，故称"三层肉"或"五花肉"。这部分的瘦肉最嫩且最多汁。五花肉一直是一些代表性中菜的最佳主角，如梅菜扣肉、南乳扣肉、东坡肉、回锅肉、卤肉饭、瓜仔肉、粉蒸肉等等。它的肥肉遇热容易化，瘦肉久煮也不柴。五花肉香味浓郁、味道鲜美，可大大提高食欲，且其性微寒，含有丰富的优质蛋白质和人体必需的脂肪酸，并提供血红素（有机铁）和促进铁吸收的半胱氨酸，有改善缺铁性贫血、解热、补肾气虚弱等功效。但湿热痰滞内蕴者、肥胖或血脂较高者不宜多食。

②燕窝：又称燕菜、燕根、燕蔬菜，为雨燕科动物金丝燕及多种同属燕类用唾液与绒羽等混合凝结所筑成的巢窝，形似元宝。非雀形目燕科鸟类（如家燕）所筑巢是用禾草或者泥巴和唾液混合筑成，无法食用。燕窝含多种氨基酸，具有补肺养阴、壮脾健胃、外伤止血等功效。清代赵学敏《本草纲目拾遗》记载："燕窝大养肺阴，化痰止嗽，补而能清，为调理虚损劳疾之圣药。一切病之由于肺虚不能清肃下行者，用此者可治之。"

③和头：指配菜。配菜是根据菜肴品种和各自的质量要求，把处理过后的两种或两种以上的主料和辅料适当搭配。配菜恰当与否，关系到菜的色、香、味、形和营养价值。

④海蛳（sī）：指海螺的肉。古谚说："清明螺蛳端午虾，重阳时节吃爬爬（蟹）"。螺蛳一年四季都有，但只有清明时节的螺蛳最肥美，有"清明螺，抵只鹅"的说法。螺蛳炒、炖、酱、卤、蒸无不适宜。吃螺蛳时，将肉从壳里"嗍"出来，鲜美的汤汁和螺蛳肉一起入口，更是一种享受的过程。

⑤生烧：烧法之一，适用于质老筋多、鲜味不足或质地鲜嫩的原料。因原料不同，烹

制时所用火候也不同。烹制质老筋多的原料，一般要先经出水处理，然后入锅加鲜汤(或水)，用旺火烧开，去尽血泡和浮沫，改用中火或小火，加调料慢烧至软，再改用旺火收汁而成。成菜汁浓入味，柔软耐嚼。烹制质地鲜嫩的原料，一般要先经煸或炒、煎、炸，然后加汤(或水)，以旺火烧开后改用中火烧至成熟，最后用旺火收汁起锅。成菜见汁见油，色泽美观，质软鲜嫩。生烧有时也指活烤。

⑥真烧酒：文中别处也作"真火酒"。真，精、淳的意思。

⑦木花：即木槿花，是一种食用花卉。木槿花蕾，食之口感清脆，完全绽放的木槿花，食之滑爽。吃木槿花早在《诗经》中就有记载，福建汀州人用木槿花和稀面、葱花，下锅油煎、松脆可口，俗称"面花"、"花煎"。徽州山区的居民用木槿花煮豆腐吃，味道十分鲜美可口。木槿花性寒，味苦甘，性平，入脾、肺、肝经，含有蛋白质、粗纤维、还原糖、维生素C、氨基酸、铁、钙、锌等多种物质，营养价值极高，有清热止咳、凉血止血、清热燥湿、排毒养颜的功效，可用于风热束肺所致咳喘、血热妄行所致吐血衄(nù)血、肠风泻血、痢疾腹泻等症；外用可用于治疗疮疖痈肿、烫伤。明代李时珍《本草纲目》记载："消疮肿，利小便，除湿热。"明代倪朱谟《本草汇言》记载："能除诸热，滑利能导积滞，善治赤白积痢，干涩不通，下坠欲解而不解，捣汁和生白酒温饮。"

⑧鲂鲏(fáng pí)：即"鳑(páng)鲏"，小型淡水鱼，形似鲫鱼。鲂鲏性味甘温，《滇南本草》记载："煮食令人下元有益。添精补髓，补三焦之火。"有益脾胃，但善发疮，可用以起痘毒。

⑨黄甲：即螃蟹。